Andreas Suchantke

Lesen im Buch der Natur

Wege zum Erfahren des Ätherischen

AF833859

Andreas Suchantke

Lesen im Buch der Natur

Wege zum Erfahren des Ätherischen

Verlag am Goetheanum

Der Verlag am Goetheanum im Internet: www.VamG.ch

Umschlaggestaltung von Sven Baumann unter Verwendung eines Bildes
«Blaue Blume» von Birgit Tiller © Atelier Tiller

© Copyright 2012 Verlag am Goetheanum, CH–4143 Dornach
Alle Rechte vorbehalten
Satz: Höpcke, Hamburg
Druck und Bindung: Freiburger Graphische Betriebe

ISBN 978-3-7235-1469-6

Inhalt

Rudolf Steiner: «*die sinnliche Welt [ist] eine andere Form der Offenbarung des Geistes … Während man im gesteigerten, anschauenden Denken die bildende Kraft der Idee von innen ergreift, tritt einem im Werden der Natur dieselbe Kraft von außen entgegen.*»

(Aus einem Schreiben an F. Th. Vischer 1882; Näheres bei Lindenberg 1997[1])

Vorwort

Unser Verhältnis zur Naturwissenschaft ist heute ambivalent geworden: Während wir die vielfältigen technischen Errungenschaften gerne nutzen und fur allenfalls auftretende Probleme Antworten von den zuständigen Fachleuten erwarten, haben doch gleichzeitig die vielen Fehlleistungen und insbesondere die ökologischen Probleme zu einer eher skeptischen Haltung geführt.

Im anthroposophischen Umfeld bekommt diese Ambivalenz noch eine besondere Farbe: Einerseits weiß man: Rudolf Steiner hat die Naturwissenschaft geschätzt, man möchte «Zeitgenosse» sein, und man freut sich, wenn ein Ergebnis der Naturwissenschaft eine Aussage der Anthroposophie bestätigt. – Andererseits verbirgt sich dahinter doch oft die tiefliegende Skepsis, Abneigung oder gar Missachtung gegenüber der «materialistischen Wissenschaft», die offenbar so viele Probleme unserer Zeit hervorgebracht hat.

Diese Ambivalenz kann gewissermaßen am Rande des Bewusstseins als unbefriedigend, ja quälend empfunden werden. Dann ist es ein großes Glück, wenn jemand zeigen und erlebbar machen kann, in welchem Maße «gute Naturwissenschaft», in deren Vollzug sich der Wissenschaftler zudem seiner Tätigkeit bewusst wird, diese Kluft zu überwinden vermag: Keine äußere Bestätigung von etwas, was man sowieso schon «wusste», kein materialistischer Widerspruch zur Spiritualität, sondern liebevolle Zuwendung zur Sinneswelt und sorgfältige Gedankenführung, die zu einer vertieften und authentischen Begegnung mit dem Geistigen in der Natur führen kann. – Diese Arbeitsweise ist nicht immer bequem, sicher mühsamer als die Zuwendung zu einer neuen Offenbarung, aber nicht zuletzt werden dabei Einsichten und Fähigkeiten entwickelt, die hilfreich sind für den praktischen Umgang mit der Natur, ihren Schutz, ihre Weiterentwicklung – und gleichzeitig für die Gestaltung des sozialen Lebens!

Mit Andreas Suchantke stellt hier ein erfahrener Wissenschaftler und Pädagoge exemplarisch einige Beispiele seiner Arbeit vor – und jedes dieser Kapitel beleuchtet und würdigt einen grundlegenden oder spezifischen Beitrag der Anthroposophie zu diesem Gebiet.

Der erste Aufsatz beschreibt den «Goetheanismus» – und jede gute Naturwissenschaft kann im Sinne Goethes durchdrungen und vertieft werden – als Mittler zwischen einer eher erdabgewandten Spiritualität und dem Leben in der Sinneswelt. – Man wird an die Darstellungen Rudolf Steiners über Anthroposophie aus den Jahren 1909 und 1910 erinnert, in welchen er in einem Bild die Theosophie als den Gipfel eines Berges, die Anthropologie als die Niederung beschreibt – und die Anthroposophie als den Weg hinauf und hinunter. Und man versteht, dass Steiner einmal äußerte, er würde diese Weltanschauung gerne «Goetheanismus» nennen.

Was *methodisch* der Goetheanismus vermag, geschieht in der Realität gestaltend und formend durch das Ätherische, diesem «plastizierenden» Vermittler zwischen sinnhaftem (geistigem, astralischem) Inhalt und physisch materieller Form. Diesem Motiv ist der zweite Aufsatz gewidmet. Anschließend wird die Aufmerksamkeit auf zwei Aktivitäten des Ätherischen gelenkt, wohl erstmalig durch Rudolf Steiner so explizit formuliert, nämlich «Nährhaftigkeit» und «Reproduktion» und ihre fundamentalen Rollen im Fortgang des Lebens. Daran schließt sich zunächst der Blick auf einen umfassenderen Organismus, auf die bewegte Zeitgestalt der mitteleuropäischen Landschaft, nicht irgendwo, sondern konkret um das Goetheanum. Schließlich folgt die Betrachtung einer ganz besonderen Pflanzengruppe, der Mistel, und man erfährt, wie sie in einer fast selbstlosen Kooperation die Bildekräfte des jeweiligen Wirtsbaumes in sich aufnimmt, ohne sie zu verbrauchen, und als Heilmittel weiterreicht.

Abgerundet wird die Sammlung durch einen Blick auf die Entdeckung der Dreigliederung: Was die vorangehenden Aufsätze implizit durchzieht, das Prinzip der Polarität und ihrer Mitte, wird selbst zum Thema, und es wird gezeigt, wie dies auch unabhängig von der Anthroposophie z. B. in der Ökologie entdeckt wurde, im organismischen Zusammenspiel der Dreiheit von Produzenten, Konsumenten und Destruenten (Abbauern). Damit tritt an die Stelle des so simplen und suggestiven dualen Konzepts «Kampf ums Dasein» ein Komplex von Kooperation und Regulation. – Es ist ein universelles Prinzip, welches die Natur, den Menschen und das menschliche Zusammenleben durchzieht – und von dem Rudolf Steiner einmal sagte, es sei eine Offenbarung des Christus in unserer Zeit (11. Februar 1919).

Eine in diesem Sinne betriebene Naturwissenschaft wird nicht zu einer bloßen Gebrauchsanweisung für die optimale Ausbeutung der Natur, sondern führt aus der Sache heraus zu einem pflegenden und weiterentwickelnden Umgang mit ihr – und sie leistet ihren Beitrag für die Entwicklung von Fähigkeiten für das soziale Leben der Menschen auf der Erde.

Johannes Kühl

Einführung

Wie in einem Vermächtnis und in klarem Bewusstsein für die unerhörte Dringlichkeit formuliert Rudolf Steiner in seinem letzten Lebensjahr, dass es zu den wichtigsten Aufgaben im beginnenden Michael-Zeitalter gehöre, eine neue und vertiefte Beziehung zur Natur zu entwickeln. Es ist bemerkenswert, dass dieser Ruf in einer Zeit erfolgt, in der noch sehr wenige Zeitgenossen die zunehmende Bedrohung der Lebenssphäre durch den Menschen wahrnahmen. «Die Menschen müssen wieder die Möglichkeit finden, in dem ‹Buch der Natur› zu lesen. Und das ist der Impuls des Michael: die Menschen, nachdem die von ihm verwaltete Intelligenz zu ihnen gekommen ist, wieder dazu zu bringen, das große Buch der Natur wiederum aufzuschlagen, in dem ‹Buch der Natur› zu lesen.» Rudolf Steiner betont ausdrücklich, dass heute an jeden persönlich die Aufforderung ergeht, auf diese Weise *die geistige Wirklichkeit der Natur hinter ihrem äußeren Schein zu finden.*[2]

Wie aber lerne ich dieses «Lesen»? Folge ich den heute üblichen Methoden, dann muss ich mir sagen lassen, dass alle Bildungen der sogenannt belebten Natur bloße Zufallsergebnisse und -ereignisse sind, denen kein wie auch immer gearteter «Sinn» innewohnt, und erst recht keine «göttlichen Ideen» oder vergleichbar Spirituelles zugrunde liegen. Was sich von den ständig stattfindenden Neubildungen in die jeweilige Umwelt einfügt und anpasst, bleibt am Leben und wird in der Erbfolge weitergegeben, anderes fällt der Auslese, der «Selektion» zum Opfer. Was soll da ein «Lesen im Buch der Natur» letztlich anderes zutage fördern als sinnleere Zufälle?

Lasse ich mich jedoch dadurch nicht entmutigen, vor allem, weil ich hinter den vielen komplexen Bildungen und Verbindungen beim besten Willen keine chaotischen Zufälligkeiten erkennen kann, sehr wohl aber differenzierte und komplexe Ordnungen, dann beginne ich, tiefer zu schürfen und mich der Möglichkeit vielleicht dennoch existierender Gesetzmäßigkeiten nicht länger zu verschließen.

Dabei ist es wichtig, jetzt nicht in abstrakten Begriffskonstruktionen zu verharren, die nachträglich den Erscheinungen übergestülpt werden, sondern sich mit realen Phänomenen, mit der ***Wirklichkeit*** der (belebten) Natur forschend, d. h. fragend und beobachtend, zu beschäftigen.

So viel zunächst – höchst skizzenhaft – zur Methode, bei der es nicht um nachträgliche Bestätigung von etwas längst Gewusstem oder Erahntem geht, sondern um völlig offene Voraussetzungslosigkeit, um die Fähigkeit, sich den Phänomenen gegenüber ganz unvoreingenommen zu öffnen. Das allerdings ist kein passives Rezipieren, sondern *in der unbeeinflussten Wahrnehmung aktives Mitvollziehen der Bildebewegungen.*

Nehmen wir, um ein Beispiel herauszugreifen, den Fall der im Kapitel über «Das Ätherische – der selbstlose Bildner» vorgestellten Beziehung der verschiedenen Salbei-(*Salvia-*)Arten zu ihren jeweiligen Bestäubern (vgl. die Abbildungen dort). Dabei ist zunächst schon höchst erstaunlich, wie sehr sich Blüte und Bestäuber in ihren Gestaltungen wie zwei zusammengehörige Hälften eines einzigen Organismus erweisen, und dieses in allen und teilweise sehr unterschiedlich gestalteten Fällen: Wo unser heimischer Wiesensalbei *Salvia pratensis* der besuchenden Biene auf seiner Lippe einen komfortablen Landeplatz bietet, verhält sich die südafrikanische *Salvia aurea,* die von Nektarvögeln bestäubt wird, ganz anders: der im Vergleich zur Biene schwergewichtige Vogel würde die Blüte bei direktem Anflug zerstören; also klammert er sich an den Zweig darunter und reckt seinen Kopf nach oben in die weit geöffnete Blüte mit ihrer herabgebogenen Lippe. Wieder anders sind die Blüten der nordamerikanischen *Salvia splendens* gestaltet: eine enge Röhre ohne Sitzgelegenheit – der bestäubende Kolibri besucht die Blüte im Fluge.

Die herrschende Wissenschaftsideologie ist bis heute die Antwort schuldig geblieben auf die entscheidende Frage, wie es zu solchen Anpassungen kommen konnte, die bis in komplizierteste Einzelheiten die Blüte zum «Negativ» des bestäubenden Vogels oder Insektes werden ließ. Die Antwort, es handle sich hier wie in allen anderen Fällen um zufällige Mutationen, d.h. um richtungslose Veränderungen des Erbgutes, von denen dann die bestangepassten der Auslese standhalten, trägt nicht – wo viele Zufälle aufeinandertreffen, entsteht nicht Ordnung, sondern Chaos.

Natürlich kann und darf es keine Denkverbote geben – schon gar nicht, wenn die Anthroposophie Begriffe einführt, die gerade in diesem speziellen Fall eine überzeugende Alternative anbieten in Gestalt der ***Bildekräfte,*** die in ihrer Komplexität wie in ihrem Wandel letztlich Aktivitäten des sie hervorbringenden ***Äther-*** oder ***Lebensleibes*** sind. Dieser ist den organischen wie den von diesen integrierten anorganischen Prozessen übergeordnet und ermöglicht in den Fließ- und Austauschbewegungen des Stoffwechsels die Kontinuität des Individuums. Auf einer anderen Ebene ist er verantwortlich für die «Anpassungen» und gestaltlichen Angleichungen, wie sie die erwähnten Beispiele der Salbeiblüten an ihre unterschiedlichen Bestäuber darstellen.

Die Blüte, in der das Komplexeste, evolutiv Hochentwickeltste – die Blütenkrone – auf das Ungeformteste und Zukunftsoffenste, auf die Samenanlage der künftigen Generation trifft, ist ganz augenscheinlich vor allem prädestiniert für neue evolutive Einschläge. *An diesem sensiblen Ort dürfte nun die Prägung durch die vom Bestäuber übermittelte kosmische Astralität in die Äthersubstanz der embryonalen Samenanlage erfolgen,* die sich dann in der erwachsenen Pflanze in der entsprechenden Blütengestalt ausdrückt.

So weit die Andeutungen der hochkomplexen Zusammenhänge, über die Ausführlicheres und vor allem Konkreteres in dem erwähnten Kapitel zu finden ist.

In den übrigen Beiträgen dieses Buches, die im Laufe der letzten Jahre vorwiegend in der Zeitschrift «Das Goetheanum» erschienen sind, wird auf eine vergleichbare Weise versucht, sich dem Wirken des Ätherischen zu nähern.

Hierbei führt die unvoreingenommene, ergebnisoffene goetheanistische Methode zu innerer Verbindung mit den Phänomenen, indem man sich *mittels der eigenen, im anschauenden Denken frei verfügbaren Bildekräfte den Erscheinungen innerlich nachvollziehend anschmiegt.* Die dabei verwendeten Begriffe haben einen lediglich blicklenkenden, aber nicht definierenden Charakter. Erst die Begriffe der Anthroposophie lassen dann die tieferen, die Erscheinungen bedingenden Zusammenhänge verstehen und *führen damit in die eigentliche, alle organischen Bildungen verursachende Sphäre des Ätherisch-Astralen ein.*

Die vorliegende Studie wäre nicht möglich geworden ohne die vielen engagierten Gespräche mit Kollegen und Studenten des Institutes für Waldorfpädagogik Witten-Annen und besonders durch die Mitarbeit meiner Frau Michaela. Nicht zuletzt gebührt Thomas Locher/Zürich herzlicher Dank für seine tätige Unterstützung.

Goetheanismus als «Erdung» der Anthroposophie

Die Bedeutung der Sinneswahrnehmung für die goetheanistische und anthroposophische Erkenntnismethode

In seiner Autobiographie («Mein Lebensgang») charakterisiert Rudolf Steiner die Bedeutung Goethes und die Auseinandersetzung mit Goethes Geistesart für seine eigene Entwicklung: «Ich hatte in der Zeit, da ich an meiner Goethe-Interpretation arbeitete, Goethe stets im Geiste wie einen Mahner neben mir, der mir unaufhörlich zurief: Wer auf geistigen Wegen zu rasch vorschreitet, der kann zwar zu einem eng umgrenzten Erleben des Geistes gelangen; allein er tritt an Wirklichkeitsgehalt verarmt aus dem Reichtum des Lebens heraus.»[3]

Goethe war für Steiner in einer Beziehung der Wegbereiter, der ihm die Richtung wies, die es ihm erlaubte, das *Geistige im Physischen*, den Sinnen zugänglich, zu finden. Ein Schlüsselerlebnis war ihm dabei das berühmte Gespräch zwischen Goethe und Schiller, bei dem es um die Metamorphose der Pflanze ging: «Goethe zeichnete vor Schillers Augen mit ein paar Strichen seine ‹Urpflanze› hin. Sie stellte durch eine sinnlich-übersinnliche Form die Pflanze als ein Ganzes dar, aus dem Blatt, Blüte usw. sich, das Ganze im Einzelnen nachbildend, herausgestalten.»[4] Als Schiller entgegnete, das sei keine Erfahrung, sondern eine Idee, also eine gedankliche Vorstellung, antwortet ihm bekanntlich Goethe, dass er sich freue, seine Ideen mit Augen zu sehen. Goethe, so Steiner, «‹sah› geistig das Ganze, wie er sinnlich die Einzelheiten sah. Und es gab keinen prinzipiellen Unterschied zwischen der geistigen und sinnlichen Anschauung, sondern nur einen Übergang von der einen zur anderen. Ihm war klar, dass beide den Anspruch erheben, in der erfahrungsgemäßen Wirklichkeit zu stehen.»[5] Für Steiner bedeutete diese Erkenntnis das Ende eines, wie er sagt, «langen Ringens»[6]: «Goethes Naturanschauung stellte sich mir als eine geistgemäße vor die Seele.»[7]

«Wir müssen lernen, nicht immer nur von dem Gegensatz zu sprechen zwischen dem Materiellen und dem Geistigen, sondern wir müssen das Ineinanderspiel des Materiellen und des Geistigen in einer Einheit gerade im sinnlichen Auffassen erkennen.»[8]

In einem anderen Zusammenhang kommt ihm die an Goethe errungene Erfahrung bei einer fundamentalen Entdeckung zugute: «Ich kam auf die *sinnlich-übersinnliche* Form, von der Goethe spricht, und die sich sowohl für eine wahrhaft naturgemäße wie auch für eine geistgemäße Anschauung zwischen das Sinnlich-Erfassbare und das Geistig-Anschaubare einschiebt. Anatomie und Physiologie drängten Schritt für Schritt zu einer sinnlich-übersinnlichen Form. Und in diesem Drängen fiel mein Blick zuerst in einer noch ganz unvollkommenen Art auf die Dreigliederung der menschlichen Wesenheit, von der ich erst, nachdem ich im Stillen dreißig Jahre lang die Studien über sie getrieben hatte, öffentlich in meinem Buch ‹Von Seelenrätseln› zu sprechen begann.»[9] Auch hier gilt wieder die Feststellung, dass es sich dabei nicht um eine «Idee» im Schiller'schen Sinne handelt, sondern um eine an den sinnlichen Phänomenen gewonnene Erkenntnis des ihnen innewohnenden und in ihnen wahrgenommenen Geistes.

An dieser Stelle beginnen bereits die methodischen Probleme – die Dreigliederung ist nicht im üblichen Sinne der Anschauung zugänglich. Der sinnlichen Wahrnehmung erschließen sich allein die *zwei* polaren Gestaltelemente:

- Zum einen die sphärische Bildetendenz: Innenraumbildung, nach außen umhüllende Skelettelemente, am reinsten im Hirnschädel verwirklicht.
- Zum anderen das radiäre, strahlige Bildeprinzip, in den Gliedmaßen vor allem aktiv in den Umkreis hinaus gerichtet.
- Die «Mitte» besitzt kein eigenes, drittes Formprinzip, in ihr durchdringen und ergänzen sich die beiden antagonistischen Strukturen und bilden ein dynamisches prozessuales Ganzes *auf einer höheren, nur gedanklich-imaginativ erfahrbaren Ebene;* der sinnlichen Anschauung zugänglich sind auch im mittleren Bereich immer nur die beiden antagonistischen physischen Gestaltungen: die radiäre in den Rippen, die sphärische im Brustkorb, der im Atmungsprozese, in Ausdehnung und Zusammenziehung die Synthese beider darstellt: Polarität und Steigerung.[10]

Hilfreich ist in diesem Zusammenhang ein Hinweis Rudolf Steiners, dass im physisch-sinnlichen Bereich die Zweiheit dominiere, die es in der geistigen Welt nicht gäbe – dort sei das niederste Prinzip das der Dreigliederung.[11] Damit erweist sich die Idee der Dreigliederung als fundamental, da sie den Dualismus von Sinnlichem und Übersinnlichem überwindet, zwar nur ideell-übersinnlich zu erfassen ist, gleichzeitig jedoch auf der im Sinnlichen greifbaren Zweiheit, der Polarität, fußt. Der Begriff

Sinnlich-Übersinnlich ist absolut korrekt und sicherlich eine der wichtigsten Leistungen Steiners.

Wie aber ging nun Goethe selber vor, wie arbeitete er bei seinen botanischen und anderen morphologischen Studien? Wenn wir seinen eigenen Darstellungen folgen, so beginnt er mit Fragen nach der Formenvielfalt nicht nur der verschiedenen Gewächse, sondern auch der Teile, der Organe einer einzelnen Pflanze, bzw. nach dem, was sich in dieser Formenmannigfaltigkeit ausspricht. Die Vielfalt verwirrt ihn anfänglich, er verzweifelt fast, weil er zunächst keinerlei Ordnung findet, wie er rückblickend auf die Anfänge seiner Studien schreibt: «Wenn ich an demselben Pflanzenstängel erst rundliche, dann eingekerbte, zuletzt beinahe gefiederte Blätter entdeckte, die sich alsbald wieder zusammenzogen, vereinfachten, zu Schüppchen wurden und zuletzt gar verschwanden, da

Abb. 1: Typische Beispiele von Laubblatt-Metamorphosen bei Blütenpflanzen: Links der Hahnenfuß *Ranunculus marginatus*, daneben die Winde *Convolvulus tenuissimus*, rechts drei Blätter von *Convolvulus althaeoides* (alle Pflanzen aus Griechenland). Zeichnung A. Suchantke

verlor ich den Mut, irgendwo einen Pfahl einzuschlagen oder wohl gar eine Grenzlinie zu ziehen.»[12]

Ganz anders wird es, als er von der eher statischen Betrachtung zur *entwickelnden* Methode übergeht, die alleine der sich in der Zeit entfaltenden Pflanze angemessen ist. Er wird gewahr, dass es «doch immer nur dieselbigen Organe [sind], welche in vielfältigen Bestimmungen und unter oft veränderten Gestalten die Vorschrift der Natur erfüllen. Dasselbe Organ, welches am Stängel als Blatt sich ausdehnt und eine höchst mannigfaltige Gestalt angenommen hat, zieht sich nun am Kelche zusammen, dehnt sich im Blumenblatte wieder aus, zieht sich in den Geschlechtswerkzeugen zusammen, um sich als Frucht zum letzten Mal auszudehnen.»[13] Das geschieht natürlich nicht in ein und demselben physischen Organ, das, einmal gebildet, seine Gestalt zwar entfalten, aber nicht mehr verändern kann, sondern unsichtbar *zwischen* den zeitlich aufeinander folgenden Neubildungen während deren noch völlig gestaltlosem embryonalen Zustand in der Knospe.

Goethe erfasste dieses die Einzelbildungen übergreifende, in einem zeitlichen Gesamtzusammenhang stehende Bildegeschehen als Ausdruck der Tätigkeit des wesenhaft realen geistigen Urbildes – der «Urpflanze». Diese wohnt allen Arten des Pflanzenreiches inne, in jeweils spezifischer, vor allem durch das Zusammenspiel der Einflüsse des jeweiligen Lebensraumes geprägter Ausgestaltung («reichlich genährt durch Feuchte der Täler, verkümmert durch Trockne der Höhen …»)[14], aber doch als letztlich allen gemeinsame, in ihrer Grundstruktur übereinstimmende, identische «Zeitgestalt». Zu diesem geistig realen Urbild, dem jeweiligen Standort, dem Klima gemäß *äußerlich* abgewandelt, aber doch im Wesen stets sich selber treu bleibend, gelangt Goethe nicht auf dem Weg abstrakter Gedankenkonstruktionen, sondern imaginativ als einer lebendig sich stets aufs Neue physisch verwirklichenden, die physische Gestalt aufbauenden Geistgestalt. Vor allem aber ist die Erkenntnis dieses Urbildes nicht das Ergebnis abstrakter gedanklicher Spekulationen, sondern reife Frucht langjähriger Beobachtungen und Vergleiche an einer Vielzahl von Beispielen in unterschiedlichen geographischen Breiten – von Weimar bis Palermo. Und er ist verständlicherweise verletzt und fühlt sich zu Recht missverstanden, als Schiller, dem diese Ebene nicht zugänglich ist, Goethes Schilderung als Erläuterung einer «Idee», eines bloßen Gedankenkonstruktes abtut, und repliziert, um es zu wiederholen, mit der entscheidenden Bemerkung, dass er sich freue, *seine Ideen mit Augen zu sehen*. Er sah sie mit dem *inneren* Auge, als *Imagination*, als unentwegt lebendig sich verwandelndes, in jedem Gewächs real anwesendes geistiges Urbild aller Pflanzen.

Warum die Erwähnung dieses bekannten Beispieles? Ganz einfach, um an diesem geradezu paradigmatischen Ereignis zu zeigen, dass die Pflege und Schulung der Sinneswahrnehmung der entscheidende Weg ist, zur geistigen Substanz der Erscheinungen der uns umgebenden sinnlichen Welt vorzudringen und damit reale und wirklichkeitsgemäße Erkenntnisse zu erlangen. Eine Selbstverständlichkeit? Durchaus nicht, oder nicht mehr – Wissenschaft besteht heute weitgehend in der gedanklichen und experimentellen Überprüfung abstrakter intellektueller Konzepte, denen der Charakter von Dogmen zukommt – wer sich ihnen nicht unterwirft, gehört nicht zur «scientific community» und erhält keine Anerkennung und damit auch keine Unterstützung.

Das gilt in besonderem Maße in den Lebenswissenschaften (Biotechnologie, Genforschung, Evolutionswissenschaft etc.). Der überwiegende Bereich der Laborwissenschaften basiert auf einem fest gefügten gedanklichen Konzept, einer «Weltanschauung», auf «Ideen» im Sinne Schillers. Dass gerade hier am Anfang intensive und ausgedehnte Beobachtungen stehen oder ursprünglich standen, wird vielfach vergessen oder wissenschaftlich gering geachtet, wie bezeichnenderweise die seinerzeit völlig neuartigen und unser Verständnis tierischer Lebensweise enorm bereichernden Arbeiten von Konrad Lorenz zur Verhaltensforschung (Ethologie) oder der modernen Vogelzugsforschung – beide ursprünglich rein empirische Beobachtungswissenschaften und heute längst auf die Ebene experimentaler Studien in Laboratorien verlagert.

Damit sind die Objekte aus ihrem ursprünglichen Zusammenhang herausgelöst und «entfremdet». Die «subjektive» Sinneswahrnehmung wird ersetzt durch die quantifizierende «Objektivität» der Messinstrumente (als ob diese nicht doch auch wieder auf «subjektive» Sinneswahrnehmung angewiesen wären) und bleibt letztlich gering geschätzt und damit wenig beachtet in einem Dunkelfeld abseits der Aufmerksamkeit. Verständlicherweise, entzieht sie sich doch weitgehend der Beobachtung. Schließlich ist die Sinneswahrnehmung – im Unterschied zur Urteilsbildung, die sich im Allgemeinen in der Helligkeit klaren Denkens abspielt – weitgehend unbewusst: man konzentriert sich auf das Objekt der Wahrnehmung und beachtet dabei die eigene Tätigkeit des Wahrnehmens nicht.

Wie sehr die Sinneswahrnehmung tatsächlich den Charakter aktiver

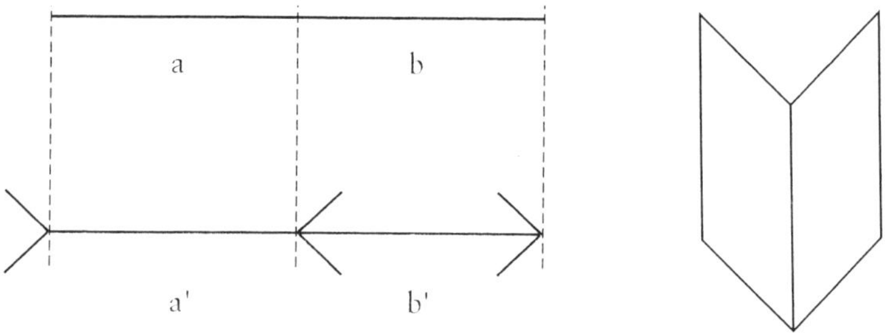

Abb. 2: links: eine einfache «optische Täuschung». Die Linie a' in der unteren Zeile erscheint länger als die Linie b', obwohl beide gleich lang sind – man vergleiche dazu die «Kontrolle» in der oberen Zeile. Rechts: Näheres im folgenden Text

Tätigkeit besitzt und sich keineswegs in bloßem passiven Registrieren erschöpft, lässt sich besonders deutlich am Gehörsinn zeigen. In einer schönen Studie dokumentierte Peter Lutzker[15] an einer Fülle von Untersuchungen, wie spontan und völlig unbewusst der Mensch akustische Reize *mit kaum wahrnehmbaren körperlichen Bewegungen begleitet* und, wie Filmaufnahmen belegen, diese geradezu «mittanzt». Im Grunde gar nicht weiter erstaunlich, schließlich weiß jedermann, wie unmittelbar das Anhören von Rhythmen «in die Beine fährt», und die Reaktion des Publikums bei einem Rock-Konzert spricht Bände. Akustische Wahrnehmung ist *aktive Tätigkeit*, halb- oder unbewusst.

Das Gleiche gilt für alle übrigen Sinne, und damit auch für den Sehsinn, bei dem die Bewusstseinsschwelle allerdings noch weiter herabgesetzt ist – der Betreffende bemerkt sein eigenes Tätigsein normalerweise nicht, weil er mit dem Bewusstsein voll auf den Gegenstand konzentriert ist und sich selber dabei in der Regel völlig vergisst. Man kann das an Museumsbesuchern beim Betrachten von Plastiken beobachten, die sie mit ihren Blicken geradezu abtasten (und dabei auf ihre Hände aufpassen müssen). Besonders deutlich und völlig dominierend ist die tätige Komponente der Wahrnehmung bei kleinen Kindern – sie tun das Wahrgenommene in der Nachahmung unmittelbar mit, «Mitahmung» wäre eigentlich eine bessere Bezeichnung: Wahrnehmen, das geht aus allem hervor, ist unmittelbare aktive Tätigkeit.

Einfache so genannte «optische Täuschungen» belegen klar, wie weit man tatsächlich selber unbewusst in dasjenige eintaucht und «mittut», was man sieht: die Länge der Linie a' erscheint mir in der oberen Abbildung länger als b', obwohl beide gleich lang sind, wie die beigegebene «Kontrolle» beweist. Wie ist das möglich? Die Erklärung ist ganz einfach:

Sinnesaktivität und gedanklich-begriffliche Bestimmung gehören unterschiedlichen Sphären in mir an – in der einen bin ich unbewusst aktiv tätig *im Objekt darinnen* und setze diese Tätigkeit ebenso unbewusst nach beiden Seiten in den jeweiligen Verlängerungen nach außen bzw. in einer einengenden Bewegung nach innen fort, obwohl diese ja zu den eigentlichen, in beiden Fällen gleich langen Linien nicht dazugehören. Auf der anderen Ebene, in der ich mich selber beobachte, registriere ich als gleichsam unbeteiligter Zuschauer erstaunt mein eigenes unbewusstes Tun.

Noch deutlicher wird die Eigenaktivität in der Wahrnehmung in der Abbildung daneben, die ein aufgeschlagenes Buch oder Heft als lediglich umrisshafte Skizze (Abb. 2: rechts) wiedergibt. Die Frage ist, in welche Richtung das Buch aufgeschlagen ist – nach hinten oder nach vorne. Natürlich trifft weder das eine noch das andere zu, schließlich handelt es sich um eine zwei-dimensionale Darstellung in einer Ebene. Trotzdem kann ich mir doch vorstellen, es sei aufgeschlagen – nur, wohin? Nach vorne oder nach hinten? Beides ist möglich. *Welche Möglichkeit ich wähle, hängt davon ab, wo ich mit meinem Blick beginne und wo ich ihn anschließend hinwandern lasse*:

- Fange ich in der Mitte, beim Rücken an und lasse ihn zu den Rändern gehen, dann ist das Heft nach hinten aufgeklappt.
- Umgekehrt ist es nach vorne geöffnet, wenn ich am äußeren Rand beginne und den Blick nach innen wandern lasse.

Was aus beiden Beispielen folgt, ist das erstaunte Gewahrwerden mir selber völlig unbewusster aktiver Bewegungen, die ich natürlich nicht physisch-leiblich, aber sehr wohl psychisch ständig ausführe, und das genau wie «im richtigen Leben»: wo ich beginne, ist hier bei mir, ist nah, und worauf ich mich zubewege, ist die Ferne – ich «durchraume» das Bild (wie im Übrigen auch alle zweidimensionalen Landschaftsbilder).

Was ich wahrnehme, tue ich mit – eine ganz entscheidende Feststellung, wenn auch zunächst noch sehr allgemeiner Art, als Ergebnis der Selbstbeobachtung. Genauere Untersuchungen bestätigen sehr detailliert diese Eigenaktivität während des Wahrnehmungsvorganges und belegen, dass die Augen auch beim Fixieren eines ruhenden Objektes in ständiger

Bewegung sind: «Statt das Bild nach Art einer Kamera einfach herbeifluten zu lassen, ergreifen sie sozusagen selber die Initiative und setzen sich das Bild aus vielen kleinen Einzelschritten zusammen … Die Augen greifen also immer wieder neu in die Welt hinaus und tasten sie ab, nicht anders, als wir es mit den Gliedmaßen tun. *Die Wirklichkeit wird aktiv ‹erfasst›*. Freilich geschieht das mit so großer Geschwindigkeit, dass unser Bewusstsein davon nichts bemerkt und die Forschung es erst entdeckte, als sie über Geräte verfügte, die in der Lage waren, Bewegungsabläufe in der Größenordnung von Tausendstel Sekunden (Millisekunden) zu registrieren» (Patzlaff).[16]

Die Bewusstwerdung des Gegenstandes erfolgt hingegen erst in einem zweiten Schritt – wenn überhaupt; wahrscheinlich mache ich mir nur einen kleinen Bruchteil von dem, was ich wahrnehmend «mittue», überhaupt bewusst: dasjenige, auf das ich mich intentional einstelle, oder was meine Reaktion durch seine Aggressivität erzwingt. Wahrnehmen, so lässt es sich formulieren, bedeutet tätiges Darinnensein mittels einer bestimmten, natürlich nicht körperlich-leiblichen Schicht meines Wesens.

Aber bedeutet das nicht die Möglichkeit der Selbsttäuschung, der Fehldeutung, wie im Falle des nach vorne oder nach hinten aufgeschlagenen Buches? Oder des Taubenschwänzchens, eines Schmetterlings, der an einer naturalistisch gemalten Blüte Nektar zu trinken versucht?[17] Natürlich – aber als Mensch habe ich im Unterschied zum Taubenschwänzchen stets die Möglichkeit der gedanklichen Überprüfung meiner Wahrnehmungen (obwohl ich es meistens unterlasse, worauf bekanntlich der Erfolg der Werbung beruht).

Sinneswahrnehmung und gedanklich-begriffliches Erfassen sind zweierlei Aktivitäten, die sich komplementär verhalten, aber natürlich gegenseitig brauchen. Wäre nur das Erste vorhanden, gäbe es nur instinktives Handeln, das den Tieren, aber nicht dem Mensch gegeben ist. Das Zweite alleine für sich wäre genau so undenkbar: ein völlig im eigenen Denken eingesponnener Geist ohne jeden Lebensbezug könnte nicht existieren.

Mit diesen Gedanken folge ich, gewissermaßen auf der Ebene eigenen Erlebens und in völlig freier Formulierung, den Darstellungen Rudolf Steiners aus dem Vortragszyklus «Allgemeine Menschenkunde als Grundlage der Pädagogik»[18] in jenen Passagen, in denen er auf die Dreigliederung der *seelischen* Fähigkeiten eingeht, auf Denken, Fühlen und Wollen als Metamorphosen ein und desselben, und auf die unterschiedlichen Grade der Wachheit wie der Involviertheit meiner Persönlichkeit auf diesen drei Ebenen.

- Im Denken steht man dem Objekt gegenüber («objektiv»), hellwach, distanziert, emotional möglichst unbeteiligt (was eine Selbsttäuschung ist, das Gefühl ist immer mit dabei, darf aber nicht beeinflussen, ebenso der Wille, dieser ist allein tätig in der Ausgestaltung der Gedanken).
- Im Fühlen wechseln je nach Situation Sympathie und Antipathie, je nachdem, ob ich mich für etwas erwärme (und alsbald willenshaft reagiere) oder abkühle und distanziert kritisch die Sachlage von außen betrachte.
- Im Willen bin ich am unbewusstesten, was zunächst am schwersten zu verstehen ist (aus den bisherigen Ausführungen aber doch nachvollziehbar sein sollte) – weil ich dann, wenn ich etwas *bewusst* will, bereits mit dem planenden Denken in Vorsatz und Zielsetzung dabei bin.

Wille ist bei Steiner reine vorbegriffliche Tätigkeit, *ist die verwirklichende Kraft*, ist das *Geschehen* in jeder Handlung; wird Wille dauernd an der Betätigung gehindert, kommt es zum Kräftestau, der bekanntlich irgendwann die Fesseln sprengt und sich in einer sinnlosen und destruktiven Handlung Bahn bricht. Im Willen «schlafe» ich, so Steiner, bin am Unbewusstesten, aber gleichzeitig auch am meisten in den Umkreis ausgeflossen oder ausgebreitet.

Wille in dem hier verwendeten Sinne ist eine tief im Organismus in allen Lebens- und Wachstumsprozessen aufbauend und umbildend tätige Kraft, die sich jedoch beim Menschen nicht in dieser Organismusgebundenheit erschöpft; im Unterschied zum Tier verharrt der Mensch besonders in jenen Bereichen seiner Leiblichkeit, die der Verwirklichung des Willens dienen – vor allem den Gliedmaßen –, auf jugendlicher, «pädomorpher» und zunächst unbestimmter Stufe.[19] Die Folge davon ist die freie Verfügbarkeit eines Teiles dieser gestaltungsfähigen und -willigen Kräfte, die sich nicht in der Ausbildung des Leibes erschöpft haben und *nun in den Kulturbereich einfließen und dort gestalterisch benutzt werden können.*

Die Zusammenhänge ließen sich noch weiter vertiefen, was aber an dieser Stelle nicht nötig ist – der Leser sei mit Nachdruck auf die genannten Vorträge hingewiesen. Aus ihnen ergeben sich aber noch andere weiterführende Einsichten. Etwa derart, dass ich mich erfasse als Doppelwesen – ausgebreitet in den Umkreis, in dem ich durch meine Sinneswahrnehmung alles mitmache, mittue, ohne mir dessen bewusst zu sein, und auf der anderen Seite zentriert in mir, wobei ich die Richtung gewissermaßen umkehre und in mir alles «Mitgetane» auf die Stufe bewussten Denkens und «Begreifens» emporhebe. Beides kann sogar ausnahmsweise parallel nebeneinander geschehen: fahre ich in täglicher Routine auf gewohnter Strecke nach Hause und bin gleichzeitig in ein interessantes Gespräch mit meinem Begleiter vertieft, dann kann es sein, dass ich zuhause ankomme und keinen Funken Erinnerung an die zurückgelegte Strecke und mein Fahrverhalten habe. Da ich heil ankam, muss ich wohl «im Schlaf» richtig und korrekt gefahren sein, und das nicht nur mechanisch und gewohnheitsmäßig, da sich an Kreuzungen und Ampeln immer Unvorhersehbares ereignen kann. Ich habe «im Schlaf» intelligent gehandelt, während ich in Gedanken ganz woanders war.

Dieses Beispiel mag vermitteln, dass im Willen stets «Intelligenz» darinnen ist, aber für das Bewusstsein zunächst *ungehoben*. Entscheidend ist jedoch, dass es (zunächst) nicht meine eigene ist, sondern «die Intelligenz der Dinge, der Welt» oder besser: «der Geist in den Dingen, in der Welt». Indem ich mich mit meinem Willen wahrnehmend in die Erscheinungen vertiefe und sie auf diese Weise «mittue», kann es mir anschließend gelingen, sie auf die Stufe bewusster Erkenntnis emporzuheben. Dann bin ich in der Lage, *aus* den Erscheinungen zu sprechen und nicht nur *über* sie. Prominentestes Beispiel dafür ist die «Metamorphose der Pflanzen» – man erinnere sich an die eingangs zitierten Mühen und Anstrengungen Goethes, in immer wieder neuen Anläufen die Gesetzmäßigkeiten des Gestaltwandels in «anschauender Urteilskraft» mittuend nicht nur zu begreifen, sondern im tätigen Eintauchen in die von Blatt zu Blatt und zur Blüte bis hin zur Frucht in dreimaliger Ausdehnung und Zusammenziehung selber so mit zu vollziehen, dass er sie anschließend in künstlerischer Gestaltung in einem anderen Medium sprachlich-bildhaft neu erschaffen konnte.

Auf einige weitere, damit zusammenhängende Aspekte sei noch kurz eingegangen, bevor entscheidende Fragen zur Methodik goetheanistischen Forschens angesprochen werden. So muss die zunächst sehr ungewohnte Charakterisierung des menschlichen Ich mit herangezogen werden, wie sie Rudolf Steiner in einem 1911 auf dem Philosophenkongress in Bologna gehaltenen Vortrag vornahm: «Man wird … zu einer besseren Vorstellung über das ‹Ich› erkenntnistheoretisch kommen, wenn man es nicht innerhalb der Leibesorganisation befindlich vorstellt und die Eindrücke ihm ‹von außen› geben lässt; sondern, wenn man das ‹Ich› in die

Gesetzmäßigkeit der Dinge selbst verlegt, und in der Leibesorganisation nur etwas wie einen Spiegel sieht, welches das außer dem Leibe liegende Weben des Ich im Transzendenten dem Ich durch die organische Leibestätigkeit zurückspiegelt.»[20]

Das *periphere* Ich, unbewusst im Umkreis, in den Dingen und Erscheinungen der Welt und sich in mir lediglich spiegelnd? Dass dieses Ich willenshafter Natur, und damit schlafend und seiner selbst nicht bewusst, ist, haben wir dort, wo es sich überprüfen lässt – in der Sinneswahrnehmung –, bestätigt gefunden: In der Sinneswahrnehmung sind wir einverwoben in die Tätigkeiten der umgebenden Welt *und machen sie mit* – aber wir merken es nicht, wir verschlafen all das, was wir im «empathischen» Einssein mit der Welt mitvollziehen. Aber gerade dadurch ist die Voraussetzung dafür gegeben, das Erfahrene auf die Stufe der Bewusstheit emporzuheben und damit der gedanklichen Durchdringung zuzuführen.

Auch andere Zusammenhänge werden auf diese Weise erkenn- oder erahnbar: die Polarität von Umkreis und Zentrum spiegelt sich schließlich auch in den beiden Ausgestaltungen des Nervensystems, dem zentralen und dem peripheren. Von seiner so genannt «motorischen», peripheren Form deutet Steiner an, dass es den Wahrnehmungen des «Umkreis-Ich» diene und mit Motorik nichts zu tun habe (vgl. die erhellenden Darstellungen von Schad[21]). Möglich, ja wahrscheinlich, dass hier auch der Schlüssel zum Verständnis der jüngsten Resultate der Hirnforschung liegt, wonach ein willentlicher Entschluss im Gehirn bereits neurophysiologisch nachweisbar ist, bevor er vom Betreffenden bewusst gefasst wird. Der offensichtlich falsche Schluss «nicht ich will, sondern mein Gehirn will» (was ungefähr so sinnvoll ist wie die Behauptung, dass nicht ich, sondern mein Mund isst, meine Beine gehen usw.), aus einer wahrscheinlich richtigen Beobachtung bestätigt im Grunde nur die unbewusste, schlafende Natur des Willens, der längst im «Umgebungsmenschen» aktiv ist (und im Nervensystem zurückgespiegelt wird, um gedanklich ergriffen zu werden), bevor er sich im begrifflichen Denken abbildet. Wie oft ist man nicht der Knecht seiner unbewussten Wünsche und Begierden, des drängenden Willens also, die *nachträglich* ein rationales Mäntelchen umgehängt bekommen.

Kehren wir zurück zum bewussten begrifflichen Erfassen der zunächst in der Beobachtung rein willensmäßig-unbewusst (d. h. vorbegrifflich) durchdrungenen Inhalte. Die begriffliche Benennung erfolgt in der Regel unmittelbar, spontan und geradezu zwanghaft assoziativ: jede neue Erfahrung erzeugt das Bedürfnis, sie irgendwie in Bekanntes, Vertrautes einzuordnen – alles und jedes erinnert immer an irgendetwas anderes. Das ist ungemein beruhigend, denn Neues, Unbekanntes pflegt zu verunsichern, und man sucht so lange, bis man die passende Schublade gefunden zu haben meint, in die es hineinpasst.

Auf diese Weise entdeckt man allerdings nie etwas Neues und bestätigt lediglich seine vorgefassten Urteile – konkret: seine Vorurteile –, sie mögen noch so «wissenschaftlich» sein. Diese intellektuelle Trägheit, das Bedürfnis, im Gewohnten, Vertrauten zu bleiben, ist tatsächlich ein ganz entscheidendes Hemmnis für das Gewinnen neuer Erkenntnisse, zu denen man sich damit den Zugang verbaut.

An dieser Stelle gibt Rudolf Steiner in seinem genialen Frühwerk «Grundlinien einer Erkenntnistheorie der Goetheschen Weltanschauung»[22] im Kapitel «Berufung auf die Erfahrung jedes einzelnen Lesers» einen entscheidenden und klärenden methodischen Hinweis. Nachdem er darauf aufmerksam gemacht hat, dass der Grundfehler vieler wissenschaftlichen Darstellungen darin besteht, dass in ihnen behauptet wird, die reine Erfahrung wiederzugeben, während in Wirklichkeit nur die Begriffe herausgelesen werden, die man vorher selber hineingelegt hat, weist er den gleichen Vorwurf gegenüber seinem eigenen Vorgehen als unberechtigt zurück: «Wir haben uns dieser Begriffe nur bedient, um den Blick des Lesers auf die gedankenfreie Wirklichkeit zu lenken. Wir wollen diese Begriffe der Erfahrung nicht beilegen; wir bedienen uns ihrer nur, um die Aufmerksamkeit auf jene Form der Wirklichkeit zu lenken, die jedes Begriffes bar ist. – Alle wissenschaftlichen Untersuchungen müssen ja mittels der Sprache vollführt werden, und die kann wieder nur Begriffe ausdrücken. *Aber es ist etwas wesentlich anderes, ob man gewisse Worte braucht, um diese oder jene Eigenschaft einem Dinge direkt zuzusprechen, oder ob man sich ihrer nur bedient, um den Blick des Lesers oder Zuhörers auf einen Gegenstand zu lenken.*»

Beobachtet man ein Tier, eine Pflanze oder eine Landschaft, dann kommt es darauf an, die Einzelheiten exakt im Gedächtnis (und möglichst auch in einem Protokoll) festzuhalten. Dazu muss man sie natürlich begrifflich benennen, und die dabei verwendeten Attribute *dienen allein dem erwähnten Zweck der Bewusstmachung*. Unterlässt man das, dann bleibt einem nur ein diffuses, in Bezug auf die Einzelheiten verschwommenes Bild im Gedächtnis, vielleicht auch einfach nur die «Stimmung», d. h. die eigene seelische Reaktion auf das Erlebnis.

Anders, wenn man den Gegenstand begrifflich benennt, genau wissend, dass diese Begriffe über das Wesen der Erscheinung gar nichts aussagen und deshalb beliebig durch andere, treffendere ersetzt werden können: sind die Blätter der betreffenden Pflanze lanzettlich? Nein, pfeilförmig wäre besser, wegen der seitlichen Spitzchen am Blattgrund – was wiederum nicht in allen Fällen zutrifft, die obersten Blätter sind tatsächlich lanzettlich, ja schon fast nadelartig und so fort. *Diese Phase der intensiven Beobachtung und Beschreibung ist sehr wichtig, weil ich tatsächlich mit meinem unbewussten Willen in den Erscheinungen, sie mittuend, darinnen bin.*

Erreicht, erkenntnismäßig vor allem, habe ich damit freilich noch nichts, aber ich besitze ein exaktes, an Einzelheiten reiches Erinnerungsbild, mit dem ich mich jederzeit beschäftigen kann. Dabei sind natürlich unterschiedliche Wege möglich, je nachdem, in welche Richtung meine Fragen gehen. So bietet sich etwa der *zeitliche* Gang durch die Entwicklungszusammenhänge an, durch die Wandlung der Gestalt, der Organe als Ausdruck ihrer unterschiedlichen Funktionen und in der Art, wie Goethe sie in seinen Studien zur Metamorphose der Pflanzen verfolgte, oder der evolutionäre, entwicklungsgeschichtliche usw.

Eine ganz andere Richtung wurde im Studium der wechselseitigen Beziehungen und Verflechtungen innerhalb des «ökologischen Organismus» eingeschlagen. Wichtig ist es, den Vorgang möglichst oft zu wiederholen und zu erweitern und beispielsweise im letzt erwähnten Fall andere Pflanzen desselben Standortes dazu zu nehmen und die Beobachtung immer weiter auszudehnen, etwa die Klimaverhältnisse des betreffenden Ortes mit einzubeziehen, die Feuchtigkeit oder Trockenheit des Bodens und der Luftschichten darüber, die Helligkeit oder Beschattung, Wärme und Kälte usw. Allmählich ergibt sich mir ein reich differenziertes, mit einer Fülle von Einzelheiten gesättigtes Bild, in dem sich die Gestaltbildung der einzelnen Pflanzen harmonisch einfügt, ja wie ein Echo erscheint auf das jeweilige Zusammenspiel der Elemente Erde, Wasser, Luft und Licht, das im schattigen Laubwald ein anderes ist als auf einer Trockenwiese oder entlang eines feuchten Bachufers (man vergleiche dazu die anschaulichen Ausarbeitungen von H.-C. Vahle[23]).

Habe ich mich, ganz unabhängig von diesen Betrachtungen, mit Rudolf Steiners Lehre von den vier Ätherarten beschäftigt, zu der ich vorher aus eigenem Erleben keinen konkreten Zugang zu finden vermochte, so schließt sich nun beides in überraschender und höchst stimmiger Weise als glückliches Ereignis zusammen (obwohl der Autor der eben erwähnten Schrift auf diesen Zusammenhang mit keinem Wort eingeht). Ganz wichtig: die Zusammenschau und gegenseitige Ergänzung der beiden

Ebenen – der Ergebnisse sinnenfälliger Beobachtung und die gedankliche Beschäftigung mit geisteswissenschaftlichen Aussagen – *muss sich aus der Sache heraus und als Ergebnis völlig getrennter Beschäftigung mit den beiden unterschiedlichen Bereichen aus sich selbst heraus ergeben. Es darf nicht das Ergebnis einer Hinein- oder Ausdeutung sinnenfälliger Erscheinungen mittels «passender» geisteswissenschaftlicher Aussagen sein.*

Das Beispiel sei auch deshalb erwähnt, weil es paradigmatisch erscheint für den Umgang mit Angaben Rudolf Steiners, die nicht auf Beobachtungen der Sinneswelt, sondern auf geistiger Schau – in diesem Fall der Äthersphären der Erde – beruhen.[24] Leider werden immer wieder fragwürdige Versuche unternommen, Aussagen, die auf methodisch höchst unterschiedlich gewonnenen Erkenntnissen beruhen – auf Beobachtungen der Sinneswelt auf der einen, geistiger Seinszustände auf der anderen Seite –, in naiver Weise einfach gleichzusetzen. Solche «Ausdeutungen» sinnenfälliger Phänomene mit Hilfe von Aussagen aus der übersinnlichen Forschung haben mit echter Wissenschaft nichts zu tun, sie stellen «Sphärenvermengungen»[25] dar, gehen meistens daneben und diskreditieren überdies die Anthroposophie in der Öffentlichkeit.

Hier geht kein Weg an gründlicher und vor allem geduldiger Arbeit vorbei, die vorrangig darin besteht, dass ich jede Aussage – sei sie der sinnenfälligen oder der übersinnlichen Welt gewidmet – *als solche* ernst nehme und mich auf sie konzentriere, ohne nach irgendwelchen, sich spontan aufdrängenden Analogien zu suchen. Es ist eine Frage der Geduld, des aktiven Wartenkönnens, bis sich beide Seiten gegenseitig zu beleuchten beginnen.

All das ist keineswegs nur von theoretischem wissenschaftlichen Interesse, sondern von eminent praktischer Bedeutung. Es betrifft den Umgang mit sozialen Phänomenen gleichermaßen und in noch erheblich dringlicher und folgenreicher Weise, weil es unmittelbar in menschliche Lebensverhältnisse eingreift. Ein besonders sensibler Bereich ist der pädagogische, in dem Dogmatismus und vernachlässigtes Wahrnehmungsvermögen durchaus negative Folgen haben. In der anthroposophischen (Waldorf-)Pädagogik kann deshalb neben allem Positiven auch mancherlei falsch gemacht werden: es gibt so unerhört viele konkrete Anregungen Steiners zu den verschiedenen Altersstufen und den damit korrelierten Entwicklungsschritten der werdenden Persönlichkeit, zur Behandlung der kindlichen Temperamente, zur Methodik und Didaktik des Unterrichtes auf den verschiedenen Alterstufen, zur Wahl und zur spezifischen Darstellung der unterschiedlichen Stoffgebiete usw. Werden diese vielfältigen An*regungen* vom Lehrer als An*gaben*, als Vorschriften und als verbindlicher Kanon missverstanden, dann führen sie zu rein äußerlicher rezeptartiger Anwendung, deren pädagogische Begründung im Dunkeln bleibt.

Ein solches Vorgehen hätte mit den eigentlichen Intentionen der anthroposophischen Pädagogik nichts zu tun, es wäre nur die entleerte Hülse davon. Zwei entscheidende Aktivitäten, ohne die es nun einmal nicht geht, fehlten nämlich:

- der meditative Umgang des Lehrers mit den menschenkundlich-anthroposophischen Grundlagen, z.B. anhand der bereits erwähnten «Allgemeinen Menschenkunde als Grundlage der Pädagogik»: nicht mehr und nicht weniger als Wahrnehmungsübungen auf geistiger Ebene einerseits,
- und zum anderen und völlig unabhängig davon: die Wahrnehmung des einzelnen Kindes und das aktive, tätige Interesse an ihm. Letzteres muss alleinige Richtschnur für den Erzieher sein.

Womit wir wieder beim zentralen Thema wären: bei der Beobachtung und Wahrnehmung mit dem Ziel, sich vom «Objekt», in diesem Fall vom Kind selber, sagen zu lassen, was ihm angemessen und förderlich ist.

Wie aber ist das möglich, das Kind kann das ja schließlich noch nicht selber artikulieren. Der Lehrer aber sollte es können, als Ergebnis seines Interesses und daraus resultierenden intensiven, liebevollen Wahrnehmens. Letzteres, und das ist jetzt besonders wichtig, als reine Wahrnehmung ohne jede deutende Interpretation und Assoziation, die immer gruppentypische Merkmale betreffen (ADS-geschädigt oder sonstwie verhaltensgestört, sanguinisch, phlegmatisch) und für das Bewusstsein des Erwachsenen das Individuelle, in Entfaltung begriffene Ich des Kindes verhüllen. Und es empfiehlt sich – und wird auch in den Schulen praktiziert –, in gemeinsamen Besprechungen der beteiligten Lehrer ein Bild des Kindes, zunächst ohne jegliche Interpretation, vor sich hin zu stellen, das man auf sich wirken lässt und durch immer wieder neue Wahrnehmungen ergänzt.

Durch diese Aktivität verbindet man sich mit dem Kind, ohne ihm in irgendeiner Weise zu nahe zu treten. Im Gegenteil, das Kind bemerkt, dass sich seine Lehrer um es bemühen und es lieb haben. Es wird sich öffnen und entfalten. Und dass der Lehrer jetzt die richtigen Handgriffe im Umgang mit dem Schüler macht, ist das konsequente Ergebnis seiner aktiven Wahrnehmungsübungen, durch die er in die kindlichen Wesensäußerungen mit seinem Willen «mittuend eintaucht», sie unbewusst, wie wir an früherer Stelle sahen, tatsächlich mitmacht und dann auf die Ebene rationaler, begrifflicher Einsichten emporhebt. Mehr noch, er wird im Unterricht spontan und ohne Planung diese oder jene Maßnahmen ergreifen, die sich unmittelbar als richtige Griffe herausstellen – sie waren nicht geplant, aber aus Verbundenheit mit den Kindern in der betreffenden Situation intuitiv die richtige Reaktion.

In welchem Maße Rudolf Steiner selber diese Fähigkeit zur intensiven Hingabe in der Wahrnehmung besaß, in diesem Falle allerdings im Umgang mit Erwachsenen, berichtet Friedrich Rittelmeyer in dem Buch «Meine Lebensbegegnung mit Rudolf Steiner»[26]: «Oben in der halbgeöffneten Tür stand Rudolf Steiner, der eben einen anderen Gast entlassen hatte, und schaute mir höchst aufmerksam zu, wie ich langsam die Treppe heraufstieg. Ich habe nie einen Menschen so aufmerksam beobachten sehen, wie er es konnte. Es war, als ob er – ganz unbeweglich, aber selbstlos hingegeben – den anderen sich selbst gleichsam noch einmal erschaffen ließe, in einem feinen Element der eigenen Seele, das er ihm zu diesem Zweck darbot. Es war kein Nachdenken über den anderen, sondern mehr ein inneres geistiges Nachbilden, in dem das ganze Werden des anderen offenbar werden konnte.»

Aber noch etwas anderes ist unverzichtbar – die bereits genannte meditative Beschäftigung mit zentralen anthroposophischen Inhalten, beispielsweise den Gedanken der Reinkarnation, die allerdings völlig unabhängig von der konkreten pädagogischen Arbeit und den beschriebenen Wahrnehmungsübungen an den Kindern zu erfolgen haben. Eine solche Trennung muss erstes Gebot sein, in diese Übungen und Überlegungen dürfen keinesfalls die einem anvertrauten Kinder einbezogen werden – es würde zu den erwähnten völlig unfundierten Spekulationen führen, und das würde wiederum die Einstellung gegenüber den Kindern in unverantwortlicher Weise beeinflussen.[27]

Nein, diese Tätigkeit muss ganz unabhängig und ohne direkten Bezug zur pädagogischen Arbeit und ihren Vorbereitungen und Nacharbeiten erfolgen. Erst wenn das strikt durchgeführt wird, kann es zu einer gegenseitigen Befruchtung kommen – man beginnt nämlich vermehrt darauf zu achten und Wahrnehmungsorgane für das zu entwickeln, was die Kinder ganz augenscheinlich mitbringen an höchst individuellen latenten Fähigkeiten, die zunächst noch wie schlafend sind und darauf warten, aufgeweckt zu werden. Man erlebt immer deutlicher, dass die Kinder keine leeren Gefäße sind, die es mit den Inhalten unserer Kultur anzufüllen gilt, sondern jedes auf seine einmalige Weise sehr viel mitbringt und es meine Aufgabe ist, diesen wie in einer Knospe verborgenen Schätzen zur Entfaltung und zum Aufblühen zu verhelfen. Was dieses oder jenes Kind früher, in einer anderen Inkarnation vielleicht einmal war, geht mich gar nichts an – meine Tätigkeit muss darin liegen, den mitgebrachten Fähigkeiten der Kinder, der Jugendlichen die nötigen Schulungsmöglichkeiten zu bieten, dass sie allmählich immer selbständiger ihre eigene Zukunft gestalten können.

Es wäre das im besten Sinne goetheanistische Methodik – die bewusst gepflegte «reine» Wahrnehmung, vor verfrühter Ausdeutung und assoziativer Interpretation bewahrt durch Verwendung der notwendigen Begriffe *zunächst ausschließlich zur Bewusstmachung des Wahrgenommenen*, und als Anregung zum immer neuen Eintauchen in die «mitmachende» Wahrnehmung, bis diese anfängt, sich im eigenen Denken und, im Falle der Pädagogik, im Handeln auszusprechen.

Fassen wir zusammen: Goetheanismus bedeutet in erster Linie methodisch exaktes Umgehen mit der Wahrnehmung auf der Grundlage genauen Verständnisses dessen, was im Wahrnehmungsprozess geschieht – des Eintauchens und unbewussten «mit-Tuns» des Wahrgenommenen durch den Beobachter. Es ist dies die entscheidende Voraussetzung, um durch Emporheben das solcherart Mitgetane auf die Stufe klarer Begrifflichkeit zu heben. Wille und Denken – ohnehin Metamorphosen ein und desselben – ergänzen sich gegenseitig. – Eine grundsätzliche Trennung von Anthroposophie und Goetheanismus kann es nicht geben, auch nicht dergestalt, dass man Goetheanismus als Vorstufe der Anthroposophie bezeichnet (dass es goetheanistische Vorläufer der Anthroposophie gegeben hat, ist etwas anderes). Jede Erkenntnissuche hat es mit dem Geist zu tun, in der so genannten Sinneswelt wie in der Geisteswissenschaft. In beiden Bereichen gelten die gleichen methodischen Prämissen, andernfalls wären sie keine Wissenschaften. In beiden Bereichen ist man mit den Sinnen tätig, mit dem Gedankensinn beispielsweise, mit dem man in die Gedanken anderer, eines Goethe oder Darwin ebenso eintaucht und sie denkend mitvollzieht, also willenshaft tätig ist, wie man in den Flugbewegungen eines Vogels mit dem Sehsinn «mitfliegt». Sinneswahrnehmung ist ja, wie wir sahen, immer tätiger Wille.

Es gibt nichts anderes als Geist, und wir können ihn, in welcher den Sinnen zugänglichen Form auch immer, nur erfassen, wenn wir uns, innerlich das Wahrgenommene mittuend, der unbeeinflussten Wahrnehmung bedienen. Dann nämlich haben wir uns mit dem Wesen – dem Geist – der Erscheinung verbunden. So gesehen ist Goetheanismus nichts anderes als Anthroposophie, genauer: es ist anthroposophische Methodik. Und gleichzeitig die Erdung der Anthroposophie.

Genauer: es ist *eine* anthroposophische Methode. Selbstverständlich gibt es auch andere Zugangswege zum Geistigen in der Welt, die nicht von der äußeren Sinnesanschauung ausgehen. Dieser *innere Weg* ist von Rudolf Steiner in seinen Schriften ausführlich dargestellt worden. Genauer zu überprüfen wäre jedoch eine weitere, sehr verbreitete Vorgehensweise: die Welt und ihre Erscheinungen *anthroposophisch zu interpretieren,* etwa auf die jeweilige innere Dreigliederung oder andere Ordnungsstrukturen hin. Tut man das, dann findet man in der Regel, was man ohnehin schon vermutete. Das soll an dieser Stelle gar nicht weiter in Frage gestellt sein, sehr wohl aber muss betont werden, dass es mit der Methode Goethes – stets von der Sinneswahrnehmung auszugehen – nichts zu tun hat.

Das Ätherische – der selbstlose Bildner

Grundfragen der Evolution

Es ist eine Welt stets aufs Neue Staunen erregender und verblüffender Übereinstimmungen zwischen ungleichen Partnern, von denen der eine einbringt, was der andere erwartet: es ist die Sphäre engster Beziehungen und gegenseitiger Beeinflussungen zwischen Blüten und ihren Bestäubern – seien es Insekten oder Vögel, sei es der Wind. Die Vielfalt der Blüten-besuchenden Tiere ist zahlenmäßig wie gestaltlich Legion, wobei naturgemäß die Insekten dominieren – hier haben sich offensichtlich zwei Reiche, die Blütenpflanzen und die höheren, flugfähigen Insekten, in gemeinsamer Co-Evolution aufs Innigste verbunden.

Es ist stets ein gemeinsames Wechselspiel der gegenseitigen Anpassung. Ein gutes Beispiel ist die Gattung *Salvia*, der Salbei in seinen verschiedenen weltweit verbreiteten Arten. Unser allbekannter Wiesensalbei *S. pratensis* ist in seinem Blütenbau ganz auf Bienenbesuch eingerichtet und stellt darin eine einzige unwiderstehliche Einladung dar: eine breite Lippe mit seitlich empor gebogenen Rändern bietet der Biene einen bequemen Lande- und Rastplatz, sodass sie von dort aus ihren Rüssel bequem in die anschließende Blütenröhre einführen kann, um zur Nektarquelle zu gelangen. Dabei muss sie mit der Rüsselspitze ein kleines, den Weg versperrendes «Klapptürchen» nach oben drücken, das über ein Drehgelenk mit dem langen Staubblatt verbunden ist (vgl. die Abbildung auf der nächsten Seite). Durch das Anheben des «Türchens» senkt sich automatisch das Staubblatt vorne herab und bepudert den Rücken der Biene mit Pollen. Zu einem späteren Zeitpunkt schiebt sich an die Stelle des inzwischen verwelkten Staubblattes die gleichfalls lang gestielte Narbe und senkt sich ebenfalls auf den Rücken einer zweiten, neu angekommenen und von einer anderen Blüte mit Pollen beladenen Biene. – Wo unser heimischer Wiesensalbei in der Lippe einen Landeplatz für die bestäubende bzw. Nektar suchende Biene anbietet, ist der entsprechende Teil bei der südhemisphärischen *Salvia africana-lutea* der küstennahen Dünen bei Kapstadt weit nach unten zurück geklappt und der Helm entsprechend nach oben gebogen. Das Ganze bildet jetzt eine große und geräumige, für den Bestäuber leicht zugängliche Öffnung, allerdings ohne Landeplatz. Der wird auch gar nicht gebraucht, der Besucher ist schließlich keine Biene oder ein anderes Insekt, sondern ein

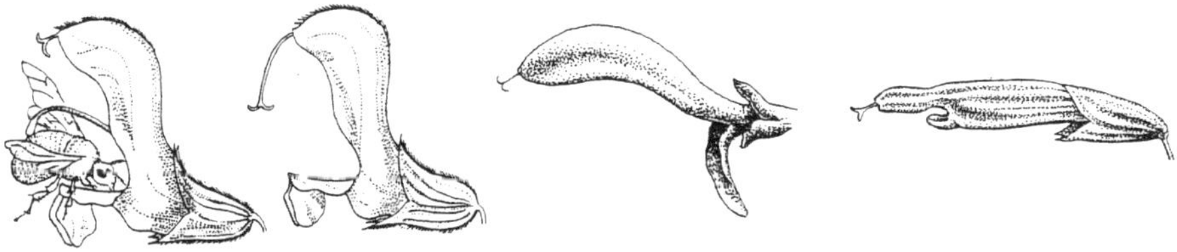

Abb. 1: Blüten dreier Salbeiarten: 1. und 2. (von links): Europäischer Wiesensalbei *(Salvia pratensis)*, links von der Biene besucht, das Staubblatt senkt sich auf ihren Leib; rechts etwas späterer Zustand, jetzt biegt sich die Narbe herab, um von der landenden Biene Pollen zu übernehmen. In der Mitte *Salvia aurea* aus Südafrika mit herabgebogener Lippe und dadurch leicht zugänglichem Schlund. Rechts: scharlachrote *Salvia splendens*, Nordamerika: kein Landeplatz, die Lippe ist verkümmert, Zugang nur im Flug durch Kolibris möglich (die Art wird bei uns oft in Anlagen gepflanzt, bildet dann aber keine Samen).

Abb. 2: Links Kolibri, im Flug Nektar saugend. Rechts: in Wirklichkeit erheblich größerer afrikanischer Nektarvogel, der die Blüte nur im Sitzen erreicht.

im Vergleich geradezu riesig großer, unter seinesgleichen jedoch immer noch kleiner und zierlicher Nektarvogel. Dieser klammert sich an das kräftige, im Unterschied zum Wiesensalbei verholzte Stämmchen der mehr als meterhohen Pflanze und steckt von dort aus seinen Vorderkopf samt Schnabel in den offen zugänglichen Schlund der Blüte, wobei er sich an der Stirn mit Blütenstaub bepudert. Völlig anders schließlich der amerikanische Scharlachsalbei *Salvia splendens:* eine lange und enge, seitlich weit in den Umkreis herausragende Blütenröhre, dieses Mal ohne jede Landemöglichkeit – die auch gar nicht benötigt würde, da der Bestäuber, ein Kolibri, im Schwirrflug vor der Blüte in der Luft stehen bleibt und den langen Schnabel und die noch längere Zunge in die Blüte versenkt, sich wiederum an der Stirn mit Pollen bestäubend, um dann blitzschnell zur nächsten Nektarquelle zu huschen.

Wahrhaftig eine staunenswerte Welt perfektester Übereinstimmungen zwischen Partnern, die ihrer Herkunft nach nicht verschiedener sein könnten. Um aber nicht ins Unendliche fortzufahren – was wegen der Fülle staunenswerter Beispiele ohne weiteres möglich wäre –, sei nur noch ein, allerdings weit verbreitetes Beispiel der Anpassung an den Bestäuber erwähnt, der diesmal kein Insekt oder Vogel ist, sondern der Wind: alle Windblüher haben langgestreckte, der Luft zugewendete und von ihr durchwehte Ähren oder freihängende Kätzchen, seien es Gräser, Weiden, Pappeln oder Nadelhölzer.

Die vielen und auf ihre Weise sehr unterschiedlichen Beispiele zeigen allesamt, dass es meist die Pflanze bzw. ihre Blüte ist, die sich ihren Besuchern, ihren höchst verschiedenartigen Bestäubern angleicht. Ein Sachverhalt, auf den merkwürdigerweise noch nie hingewiesen wurde, obwohl er doch höchst auffällig und, wie im Folgenden zu zeigen sein wird, von größter Bedeutung ist. Eine Biene oder Hummel haben mit Kolibri oder langrüsseligem Nachtfalter nichts gemeinsam. Es ist in erster Linie die Blüte, die bildungs- und umbildungsoffen ist, und viel weniger das bestäubende Tier, und wenn doch, dann in bloßen Andeutungen oder in Äußerlichkeiten wie etwa der Größe. Das Tier oder, wie bei den Gräsern und Kätzchenblühern, die bewegte Luft geben stets vor, wie sich die Blütengestalt zu bilden hat. Es braucht deshalb auch gar keine große Erfahrung, um beim Anblick einer Blüte zu wissen, wer hier der Bestäuber ist.

Allerdings ist es doch nicht immer auf den ersten Blick zu erkennen, vor allem dann, wenn sich die Vorgänge im Verborgenen abspielen. Am weitesten unter den pflanzlichen Partnern gehen in dieser Hinsicht wohl die Feigen-(Ficus-)Arten, die sich nicht passiv auf das Bestäubtwerden beschränken, sondern den Besuchern auch noch die Entwicklung ihrer Nachkommen abnehmen. Diese auf Feigen spezialisierten Gallwespen-Arten legen ihre Eier in die Griffel der Samenlagen, von denen es zwei Arten gibt, lang- und kurzgriffelige. Nur in den kurzgriffeligen können sich die Wespenlarven entwickeln, in den langgriffeligen gehen die Eier zugrunde, dafür entwickeln sich die Samen der Pflanze, und vor allem wird in ihnen – und nur in ihnen – Zucker gebildet (als Verlockung für die potentiellen Samenverbreiter: Vögel, fruchtfressende Fledermäuse – und Menschen. Vgl. z. B. Barth 1982.[28]).

Wie aber hat es zu diesen hoch komplexen und komplizierten Beziehungen kommen können?

Die gegenwärtig immer noch herrschende Auffassung ist ja, dass alle organischen Bildungen Ergebnisse zufälliger und zielblinder Mutationen auf molekularer Ebene seien, die sich dann im makromolekularen Bereich «bewähren» oder auch nicht, wobei sie im letzteren Fall durch die Selektion verworfen würden. Dieses simple, auf zielblindem Zufall beruhende, überaus dürftige Denkschema kann das komplexe und geordnete Zusammenspiel all der vielen daran beteiligten Einzelfaktoren niemals verständlich machen.

Inzwischen beginnen sich andere Auffassungen zu Worte zu melden. An die Stelle der willkürlich beliebigen Zufallsänderungen tritt die Ansicht, dass das Genom – die Gesamtheit der Gene – die Rolle von Bausteinen spiele, *deren sich der Organismus bediene: «Gene können allein nichts ausrichten, jede genetische Aktivität setzt Kooperation mit verschiedenen Akteuren der Zelle voraus» … «Das System der Gene gleicht einer Werkstatt, die mit genetischen Werkzeugen ausgestattet ist. Mit Hilfe dieser Werkzeuge kann der Organismus die Architektur seines Genoms selber umbauen. Dieser Umbau erfolgt nach Regeln, die im biologischen System selbst begründet sind* …» (Bauer 2008[29]).

Ungewohnte Töne, die alles bisher Behauptete auf den Kopf zu stellen scheinen – oder doch wohl eher vom Kopf auf die Füße? Was vorher als zufällige Ergebnisse beliebiger Prozesse ohne übergeordnete Regie vermutet wurde (und weitgehend immer noch wird), nämlich die (scheinbar unkoordinierte) Interaktion der Teile, erweist sich nun, im Gegenteil, als einer übergreifenden Ordnung unterworfen – der des Organismus – als der Basis, auf der alles Weitere aufbaut.

Ein solcher ideeller Organismus als Voraussetzung und als aktiver Gestalter wäre allerdings ein reines Kräftesystem, das sich seine physische Verwirklichung erst noch selber schafft und selber ausgestaltet. Es wäre in anthroposophischer Terminologie der *Ätherleib* (oder Bildekräfteleib), wie er der physischen Verwirklichung jeglicher Organismen, jeglicher Lebewesen zugrunde liegt und, so lange sie leben, innewohnt.

Der Ätherleib wäre damit ebenso der Gestalter und Erbauer des physischen Leibes aller Lebewesen (bei teilweise kontinuierlichem Auswechseln der physischen Bestandteile) wie dessen permanenter Aktivator im Bereich der Lebensprozesse. Er ist gleichzeitig – auch das ein Forschungsergebnis Steiners – in sich vierfach differenziert entsprechend seiner Teilhabe an den bisherigen vier Phasen der Erdenentwicklung (Saturn, Sonne, Mond, Erde) als Wärme-, Licht-, Chemischer und Lebensäther. Wir werden darauf noch zurückzukommen haben.

Zuvor jedoch: es ist in der Tat der Ätherleib, der sich des organischen Materials bemächtigt, in unserem Falle der Pflanze, und diesem die leiblichen Strukturen des Bestäubers gleichsam «überstülpt». Wie aber ist das möglich? Dazu muss jetzt auf den eingangs übernommenen Begriff der «Werkstatt» zurückgegriffen werden – man erinnere sich: es ging um die Auflösung des starren Genom-Begriffes zugunsten differenziert verfügbarer unterschiedlicher «Erbanlagen», die je nach den Bedürfnissen des Organismus (so die erwähnte Formulierung) von diesem als Werkzeug benutzt werden. Wobei, auch das als Erinnerung, der Begriff des Organismus mehr als die bloße Summe seiner Erbanlagen sei, sondern eine (an der erwähnten Stelle nicht näher erläuterte) wesenhafte «Ganzheit», die zu aktiven Handlungen – z. B. zur Auswahl bestimmter Gene – befähigt ist. Dazu gleich mehr …

Der Ätherleib ist in seiner vierfachen Differenzierung der unentwegt tätige Erbauer und Plastiker des physischen Leibes – bildend, Wachstum impulsierend, im Stoffwechsel die materielle Substanz der Organe ständig erneuernd und damit ihre permanente Aktivität ermöglichend usw. Die jeweiligen konkreten Inhalte jedoch (z. B. die spezifische Gestalt dieser oder jener Blüte, die typische Form des Eichen- oder Buchenblattes) erhält der Ätherleib aus der – höheren – Sphäre des Astralischen. Beider Zusammenwirken ergibt die «Bildekräfte». Kurz gefasst: der Ätherleib in seiner vierfachen Differenzierung ist der tätige Erbauer, der «selbstlose Bildner», der das aufgreift und in die physische Gestalt hinein verwirklicht, was das Astralische an Inhalt und zu bildender Form umkreishaft vorgibt. (Vor Jahren hat Ernst Marti diese Zweiheit, dieses Zusammenwirken in einer in ihrer begrifflichen Präzision vorbildlichen und bis heute maßgebenden Studie charakterisiert.[30])

Das Astralische ist in seiner jeweiligen Form oder Gestalt das konkret

Inhaltliche (in unserem Fall diese oder jene Insektenähnlichkeit oder dem Wind angeschmiegte Form der Grasblüte), das Ätherische vollbringt als Mittler die physisch-gestaltliche Ausformung. Ersteres hätte ohne Letzteres keinen Boden, keine «Erdung», Letzteres keinen Inhalt; beides zusammen erst ergibt die jeweilige spezifische Bildekraft.

Was bringt uns diese Betrachtung für die Frage nach den Ursachen der verblüffenden gestaltlichen Übereinstimmung und Ergänzung von Blüte und Bestäuber? Aus dem eben Gesagten ergibt sich folgerichtig, dass die jeweils vorhandene Astralität auf den Ätherleib der Pflanze einwirkt und ihn formt. Wie aber soll sie das können? Wenn die Pflanze einmal da ist und ihre Blüten entfaltet hat, ist keine Umbildung mehr möglich – natürlich nicht, sie ist ja schließlich selber bereits das Ergebnis der ätherisch-astralen Bildekräfte-Aktivitäten, die viel früher, längst vor der Anlage der Organe in der Pflanze am Werke waren. Wo aber und wann soll die Prägung dann erfolgt sein?

Natürlich ist die Blüte, wenn entfaltet, als höchste und differenzierteste Bildungsstufe des Pflanzenindividuums keiner weiteren ontogenetischen Umbildung mehr fähig. Gleichzeitig enthält sie jedoch in sich das denkbar Keimhafteste, Ungeprägteste, das die Pflanze besitzt: die Anlagen für die zukünftige Generation, die Samenanlagen: *im Differenziertesten, Vergangenheitsgeprägten, in der Blüte, findet sich das Unausgeformteste, vollständig Zukunftsoffene* – jedenfalls, wenn wir die Vorstellung von der totalen genetischen Präformation mit derjenigen der gestaltungsoffenen «Werkstatt» vertauschen. Kurz gesagt: im Befruchtungsvorgang begegnet der Bestäuber in der Blüte als dem ausgeformtesten, hochentwickeltesten, «modernsten» Teil der Pflanze gleichzeitig ihrem urtümlichsten, ungeformtesten und damit jeglicher Formung und Prägung offenen Bereich, der Samenanlage.

In der Befruchtung verbindet sich das aus dem Umkreis einstrahlende Ätherische mit der physischen Samenanlage. Es übermittelt dabei als «Bote» die *astralischen Impulse*, welche die Samenanlagen sowohl artspezifisch wie ökologisch prägen: bienenblütig, vogelblütig, windblütig. Die Samenanlage ist damit, im Unterschied zu den heutigen Lehrbuchmeinungen, nicht das «Archiv», in dem alles bereits kryptisch enthalten ist, was sich dann später exprimiert. Nein, sie ist ganz im Gegenteil ein *empfängnisoffenes* Gebilde an der Nahtstelle zwischen geistigen (astralen) Impulsen, von denen es sich prägungsoffen formen lässt, und physischen Ausgestaltungen/Verwirklichungen. In den Worten Rudolf Steiners: «Die Samenbildung beruht darauf, dass die irdische Materie sich im Samen

aus jeder Struktur herausreißt und übergeht ins Chaos, chaotisch wird, dass sie gar nicht mehr Kräfte der Materie in sich schließt. Dann kann das, was aus dem Kosmos heraus wirkt, ganz sich gelten machen, wenn keine irdische Struktur mehr da ist», und etwas später: «… bei der Samenbildung wird die Materie so weit herausgetrieben, dass der Kosmos mit seinen Ätherkräften eingreifen kann.»[31]

Die ganze Blütenbildung ist eine verkürzte Wiederholung der gesamten Evolution: am Anfang gibt es noch kein «Innen», stattdessen Prägung aus dem Umkreis, die allmählich in die Verinnerlichung, in die Inkarnation übergeht.

Von diesem Ansatz aus helfen nun die Schilderungen über die verschiedenen Phasen der Weltentwicklung weiter, wie sie sich bei Rudolf Steiner in der «Geheimwissenschaft» und an vielen anderen Stellen finden und für die hier anstehenden Fragen durch die Arbeit von Ernst Marti zusammengetragen wurden. Diese vier Stadien werden, was zunächst schwer verständlich erscheinen mag, von der Pflanze während ihrer (ontogenetischen) Entwicklung von der Samenstufe an in *umgekehrter Reihenfolge* durchlaufen in einer Art von Regression oder Rückkehr zu den ersten Anlagen: *es beginnt in der gegenwärtigen Phase der Erdentwicklung,* derjenigen des *Lebensäthers,* mit der *Keimung als Folge der Übernahme des Samens durch die Erde:* Was bisher im Embryo nur veranlagt war und bestenfalls Andeutungen von Stoffwechsel-(Lebens-) Aktivitäten zeigte, beginnt jetzt mit den grundlegenden Lebensprozessen der Wasseraufnahme, mit Atmung und ersten Streckungsbewegungen von Wurzel- und Sprosspol unter der erwähnten Regie des Lebensäthers. Die anschließende Stufe starker physiologischer Eigenaktivität in der Photosynthese wie in der Assimilation der mineralischen Nährstoffe zum leiblichen Aufbau wäre dann durch die Phase vorherrschend *chemisch-ätherischer Wirksamkeiten als Rekapitulation der Mondenstufe* der Erdentwicklung bestimmt. Die darauf folgende Entfaltung der Blüte im umgebenden Lichtraum repräsentiert als *Wiederholung die Sonnenphase,* die Wirksamkeit des *Lichtäthers* und die den Zyklus beendende Frucht- und Samenbildung und -reife in ihrer *Durchwärmung* die älteste und früheste Stufe *des Wärmeätherischen des Saturns.*

In der Blüte begegnen sich damit an einem Ort das Älteste und Ursprünglichste (und inzwischen besonders hoch differenziert Ausgereifte in der Krone) und das Jüngste und Empfängnisoffenste in den noch völlig undifferenzierten Samenanlagen für die nächste Generation, *beides unmittelbar neben-, ja ineinander!* Es erscheint wie eine dramatische Zuspitzung in dem räumlich punktuellen Aufeinandertreffen von Vergangenheit und Zukunft.

Diese Dramatik wird noch zusätzlich unterstrichen durch das bei so gut wie an allen Blütenpflanzen zu beobachtende charakteristische zunehmende «Jüngerwerden» bzw. Verharren der Laubblätter auf immer jugendlicherer Entwicklungsstufe entlang der blütentragenden Sprosse (und nur an diesen) während des Heranwachsens, wie es von Bockemühl (1977[32]) und dem Verfasser (2002[33]) wiederholt beschrieben wurde.

Und dazu kommen jetzt die Besuche durch die nektarliebenden und gleichzeitig bestäubenden (und darin nicht selten hochspezialisierten) Tiere. Durch die intensiven physisch-leiblichen wie astralischen Begegnungen und Interaktionen beider, *nein dreier* Seiten (physische Ausformung der Blüte, keimhafte Samenanlagen und deren Imprägnierung durch die Astralität des Bestäubers) erfolgt jetzt die Prägung dieser darauf «wartenden» Samenanlagen, vor allem aber *der darin noch in gänzlich undifferenzierter ätherischer «Ungeborenheit» enthaltenen Anlagen der Blütenkrone der nächsten Generation durch die Astralität des Bestäubers und lässt diese damit zu dessen Kopie werden. Die gestaltliche Übereinstimmung der gegenwärtigen Blüte mit dem bestäubenden Insekt ist dadurch ebenfalls verständlich und folgerichtig. In ihr kommt zum physisch-leiblichen Ausdruck, was vom Astralleib des Insektes oder bestäubenden Vogels dem Ätherleib der Pflanze während der vorausgegangenen Vegetationsperiode als Bildekraft eingeprägt wurde – auf der Stufe der Saturn-Wiederholung, auf der allein ein neuer Impuls einfließen kann, in der alles durchdringenden Wärme-Atmosphäre.*

Dass auf diesem Wege der physischen Ausgestaltung der neuen Pflanzengeneration die *Klaviatur des Genoms benutzt wird, ist selbstverständlich – sie bringt die Töne im Physischen zum Klingen, gewissermaßen im Auftrag dessen, der auf der Klaviatur spielt – des Ätherleibes.*

Damit lässt sich auch unsere Eingangsfrage – «Wie kommt die so detaillierte und mitunter hoch komplexe Insekten-, Kolibri- oder Nektarvogel-Prägung der Salbeiblüten zustande?» – auf der gleichen Ebene beantworten: Es ist, um die hier vertretene These noch einmal anzusprechen, ganz offensichtlich in der «Werkstatt» (des Genoms) auf einer sehr frühen ontogenetischen Stufe (der Samenanlagen) möglich, auf der – im Gegensatz zum bisher herrschenden Dogma – offensichtlich noch keine feste Determinierung stattgefunden hat und damit das *Potential der Gene relativ frei verfügbares ätherisch plastizierbares Baumaterial* (aus der «Werkstatt») darstellt. Dieses ist, so die These, damit gegenüber astra-

lischen Einflüssen, zum Beispiel von artspezifischen Bestäubern, die sich mit dem Ätherischen der Pflanze zu Bildekräften verbinden, besonders offen und prägewillig. Von dieser prinzipiellen Bildsamkeit profitieren schließlich auch die Planzenzüchter seit eh und je, die längst eine unüberschaubare Fülle an Neuschöpfungen hervorgebracht haben.

Ein entscheidender Beitrag Rudolf Steiners zum Verständnis des Evolutionsgeschehens

Mit den Begriffen «Reproduktion» und «Nährhaftigkeit» charakterisierte Rudolf Steiner die beiden Grundfunktionen jedes Lebewesens: Reproduktion bietet – über die Generationengrenze hinaus – die Voraussetzung zu evolutivem Wandel, Nährhaftigkeit hingegen bezeichnet den jeweiligen Beitrag zum ökologischen Großorganismus des betreffenden Lebensraumes. Der Begriff der Co-Evolution verbindet beide Bereiche.

Während einer Aussprache im Rahmen des Landwirtschaftlichen Kurses in Koberwitz 1924 benannte Rudolf Steiner *die beiden zentralen Faktoren der Evolution* – bezogen allerdings auf eine besondere Situation, die mit dieser umfassenden und grundsätzlichen Thematik scheinbar wenig zu tun hat: auf die Frage nach dem geeigneten Aussaat-Termin für Getreide lautete die knappe Antwort, ohne jede nähere Begründung: «Die Aussaat ist natürlich außerordentlich wichtig, und es ist ein großer Unterschied, ob man nahe an den Wintermonaten oder ob man weniger nahe an den Wintermonaten ist. Wenn man nahe an den Wintermonaten ist, wird man eine starke *Reproduktions*-Fähigkeit, wenn man weiter von den Wintermonaten [entfernt] ist, eine starke *Nährhaftigkeit* in den Getreidepflanzen bewirken.»[34] Die extreme Kürze dieser sehr präzisen Formulierung dürfte schuld daran sein, dass ihre grundsätzliche und umfassende Bedeutung, die weit über den Anbau von Kulturpflanzen hinausgeht, nicht bemerkt wurde.

Der zunächst überraschende Hinweis auf die Stärkung der *Reproduktions*kräfte ausgerechnet in der kalten Jahreszeit, in der die Lebensprozesse ruhen, wird in dem Moment verständlich und überzeugend, in dem man *gerade nicht die physiologischen (stofflich nachweisbaren)* Aktivitäten der in den Boden ausgebrachten Samen in Betracht zieht, da diese tatsächlich zum jetzigen Zeitpunkt weitgehend inaktiv in der Erde ruhen. Stattdessen geht es um die gleichsam «freien», d. h. zu diesem Zeitpunkt *noch nicht* innerhalb des noch ganz keimhaften Organismus inkarnierten und also völlig umkreishaften *ätherisch-astralischen Bildekräfte,* die jetzt unabhängig von ihrem physischen Substrat ihre Kräfte zu steigern vermögen. Genau das dürfte Rudolf Steiner im Sinn gehabt haben, wenn er die Aussaat im Winter empfiehlt: offensichtlich verstärkt wie in einer Gegenreaktion dieser zunächst noch *organisch-leiblich ungebundene*

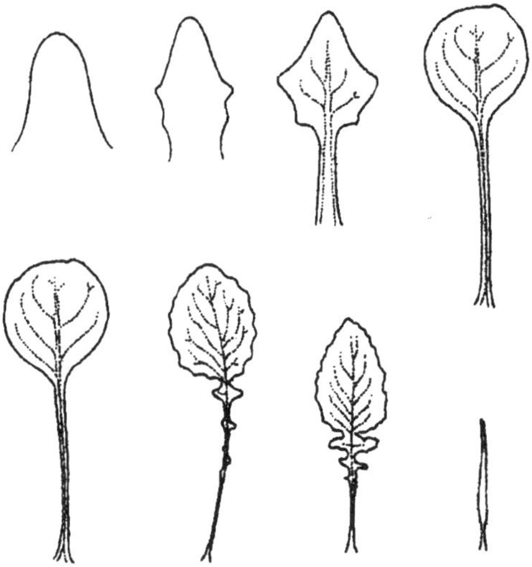

Blattbildungen beim Rainkohl *Lapsana communis:*
Obere Reihe von links: sukzessive Entwicklungsstadien eines grundständigen Blattes (die Anfangsstadien links und in der Mitte stärker vergrößert als das voll entwickelte Blatt rechts).
Untere Reihe: voll ausgebildete Blätter eines blütentragenden Exemplares: links grund-, Mitte mittel-, rechts oberständig in Blütennähe; von unten nach oben, gegen die Blüte zu bleiben die Blätter auf immer jüngerer Entwicklungsstufe stehen.
Nach Bockemühl 1967[35] aus Suchantke 2002[36]

und dadurch kosmisch offene, kosmisch zugängliche astralisch-ätherische Bildekräfte«leib» des Getreides die vitalen Widerstands- und Keimkräfte. Die künstliche «Vernalisation» wirkt in die gleiche Richtung. Von besonderem Interesse, weil mit analogen Ergebnissen und damit bestätigend, sind schließlich die Nachweise auffallend starker organischer Entwicklungsschübe, *die bezeichnenderweise stets in der Folge massiver Eiszeiten* während Frühstadien der Erdentwicklung auftraten und markante neue Bildungsmotive initiierten (siehe Nachbemerkung).

Ein entscheidender Aspekt ist somit die Stärkung durch das *Freiwerden* der ätherisch-astralischen Bildekräfte im Winter. Diese sind jetzt, im Gegensatz zur vegetativen Periode im Frühling und Sommer, noch nicht innerhalb des physischen Organismus des Pflanzensamens eingebunden und aktiv, sondern *frei – gleichsam «ungeboren»*. Damit sind sie augenscheinlich in der Lage, *neue Impulse aus der geistigen, ätherisch-astralen Umkreis-Sphäre* zu empfangen und aufzunehmen. Diese fließen dann später, wenn sich während des neuen Vegetationsbeginnes im kommenden Frühjahr die Bildekräfte mit den Keimungs- und Wachstumsprozessen wieder verbinden, in die vegetative Substanz ein. *Auf diese Weise können ganz offensichtlich auch neue Evolutionsschritte angeregt und physisch verwirklicht werden wie etwa die ursprünglich in der Evolution des Pflanzenreiches noch nicht vorhandene Blütenbildung.*

Der sich hier scheinbar ergebende Widerspruch zu dem von Rudolf Steiner geschilderten Atmungsgeschehen der Erde, die im Tiefwinter ihre Geistigkeit eingeatmet hat und gegen den Frühling und Sommer hin wieder ausatmet, *betrifft die Erde als Ganzes. Bei den einzelnen Pflanzenkeimen hingegen beobachten wir die Gegenbewegung: sie werden von der in der Erde eingeatmeten Geistigkeit lediglich umgeben und umhüllt, aber noch nicht durchdrungen.* Das geschieht erst und dann in sich steigernder Weise vom Beginn der Keimung an bis zur vollen Ausgestaltung der reifen Pflanze – geradezu wahrnehmbar im Sprießen und Sprossen hinaus in den Luft- und Lichtraum. «Die frühlingssprießende Pflanze hat in ihrem Wachstum, in ihrem Sprossen und Wachstum das Geistige darinnen. Das Geistige ist mit dem Sinnlichen durchmischt, man hat im Wesentlichen eine Einheit. Die verwelkende Pflanze lässt das Blatt fallen und der Geist steigt auf: man hat den Geist, den unsichtbaren, übersinnlichen Geist, und herausfallend das Materielle. Es ist so, wie wenn man in einem Gefäß zuerst eine einheitliche Flüssigkeit hätte, in der irgendetwas aufgelöst ist, und man dann durch irgendeinen Vorgang es bewirken würde, dass sich aus dieser Flüssigkeit etwas absetzt, was als Trübung herunterfällt. Da hat man die zwei, die miteinander verbunden waren, die ein einziges bildeten, nun getrennt. Der Frühling ist geeignet, alles ineinander zu verweben, alles in eine undifferenzierte, unbestimmte Einheit zu vermischen. Die Herbstesanschauung [...] sie macht einen aufmerksam darauf, wie Geist auf der einen Seite wirkt, Physisch-Materielles auf der anderen Seite.»[37]

Die winterlich (oder in anderen Ruheperioden wie etwa Trockenzeiten) unverbraucht bleibenden und im *Umkreis* der Samen, der Knospen zurückgehaltene (und erst in der nächsten Vegetationsperiode physisch voll inkarnierte) «Reproduktionskraft» ist natürlich die Bewahrerin der artspezifischen Kontinuität über die Generationen hinweg. Gleichzeitig wirkt sie aber *durch ihre ätherische Offenheit gegenüber astralischen*

Einflüssen sowohl als Empfänger wie anschließender Verwirklicher neuer Impulse auf der leiblichen Ebene im Verlaufe der Evolution. Sie bietet dem sich zunehmend höher entwickelnden wesenhaft realen, aber zunächst rein geistigen Pflanzentypus (im Sinne von Goethes Urpflanze) die angemessene physisch-leibliche Ausdrucksmöglichkeit. Es handelt sich dabei um eine echte Steigerung der Pflanzengestalt im Verlauf der individuellen wie der stammesgeschichtlichen Entwicklung: Ist es anfangs noch, bei primitiven blütenlosen Vertretern, die scheinbar gleichartige Wiederholung einer einfachen, kaum differenzierten Blattgestalt (Algen, Moose), so beginnt mit dem Erscheinen der Farne die Aufrichtung dem Licht entgegen. Das setzt sich gesteigert in den höheren Blütenpflanzen fort, und hinzu tritt das erstaunliche Phänomen des Anhaltens des Wachstums der Laubblätter an Blütentrieben (und nur an diesen) auf immer jüngerer Entwicklungsstufe als Ausdruck zunehmender «Verjugendlichung»[38] im Bereich der Mitte zwischen Wurzel- und Blütenpol. Es handelt sich mithin um einen klar dreigegliederten Organismus, dessen Funktionen und Fähigkeiten sich unter der übergeordneten Regie – des ebenfalls dreigliedrigen Bildekräfte«leibes» – zum Ganzen zusammenschließen.

Wie aber kommt es, dass man bei Aussaat zeitlich «weiter von den Wintermonaten (entfernt) eine starke *Nährhaftigkeit* in den Getreidepflanzen» erhält? Aus den vorhergehenden Feststellungen ist das unschwer einzusehen: Jetzt, im Frühling und Frühsommer, werden die Bildekräfte nicht mehr wie im Winter aus der (noch inaktiven bzw. bereits abgestorbenen) Vegetation zur Vorbereitung eines Zukünftigen zurückgezogen, sondern *zeigen sich zunehmend inkarniert und damit aktiv wirkend im Aufbau der lebenden Substanz und ihrer leiblichen Ausgestaltung von der vegetativen bis in die reproduktive Sphäre hinein.* Und das gilt nicht nur für die Pflanzenwelt – wenn auch für diese in besonders hohem Maße –, sondern auch für das Tierreich und die Vielfalt und Fülle der Nachkommen im Frühling und Sommer.

Die belebenden Bildekräfte des Frühlings und Sommers, von Licht und Wärme, führen zu intensiver Steigerung der im Winter veranlagten und in dieser Zeit noch von aller Aktivität zurückgehaltenen Lebenskräfte der *Reproduktion*. Diese gelangen jetzt zu voller Entfaltung, aber nicht nur das – die gesamten Aktivitäten des aufbauenden Stoffwechsels äußern sich in mächtiger Steigerung des Wachstums, der Bildung des Laubes und der Blätter, von Früchten und Samen, deren Quantität und Qualität weit über das von den betreffenden Pflanzen «für sich» zur Reproduktion benötigte Maß hinausführen. Sie ermöglichen durch ihre

Nährhaftigkeit das Leben unzähliger anderer Lebewesen, von den Pilzen über die niederen zu den höheren Tieren und zum Menschen.

Der Begriff der Nährhaftigkeit ist entscheidend. Er ist das wirklichkeitsgemäße Gegenstück zum darwinistischen «Kampf ums Dasein», der in der Natur nur den gnadenlosen Konkurrenzkampf der Stärkeren gegen die Schwächeren und deren «Strategien» zum Überleben gelten lässt.

So genial die überaus gründlichen Feldforschungen Darwins waren – man denke nur an seinen Klassiker über die Bedeutung der Regenwürmer für die Bodenfruchtbarkeit –, so verhängnisvoll wirkte sich seine Theorie des Überlebens der Tüchtigsten im Kampf ums Dasein auf das Verständnis der Organismen und ihrer Beziehungen untereinander aus.[39] Ganz anders Rudolf Steiner, der in einer deutlichen Gegengebärde auf die seinerzeit recht bekannten Schilderungen des russischen Großfürsten (und Anarchisten) Kropotkin über «Gegenseitige Hilfe in Natur und Tierwelt» aufmerksam machte[40]; dass es überwiegend Phantasiegeschichten waren, Jägerlatein[41], konnte er natürlich nicht wissen – ihm kam es sichtlich vor allem auf *das kooperative Element an und damit auf das Gegenbild zum Darwinismus*. Heute wissen wir durch die vielfältigen Forschungen einer ökologisch engagierten Biologie, dass kein Lebewesen isoliert für sich alleine lebt und zu seiner Aufgabe der Erhaltung der Art durch Fortpflanzung immer ein spezifischer Beitrag zu demjenigen Bereich des Naturganzen gehört, der ihm seine Existenz ermöglicht. (Vergleiche das dieser Thematik gewidmete Kapitel: «Die mehrmalige Entdeckung der Dreigliederung».)

Fassen wir zusammen: *Reproduktion* (Erhaltung der Art mit gleichzeitig möglichem evolutivem Wandel in der Generationenfolge) und *Nährhaftigkeit* (einflussnehmender Beitrag zur Erhaltung des Naturganzen) sind auf die eine wie andere Weise die beiden grundlegenden Aktivitäten und Leistungen so gut wie aller Lebewesen – außerdem bedingen sich beide gegenseitig und sind ohne einander nicht denkbar; das eine ermöglicht die Kontinuität typischer, gegeneinander klar abgegrenzter Arten ebenso wie deren evolutionären Wandel: *Reproduktion*, und das andere durch die wechselseitige Abhängigkeit ihrer jeweiligen spezifischen Beiträge deren Verflechtung zu übergeordneten Gemeinschaften sich gegenseitig tragender Mitglieder: *Nährhaftigkeit*. In diesen beiden von Rudolf Steiner gleichsam en passant geprägten Begriffen verbirgt sich bereits all das, was die Wissenschaft der Ökologie seit Beginn des 20. Jahrhunderts erforscht hat in ihrer Überwindung des vorher üblichen vorwissenschaftlichen bloßen Katalogisierens möglichst vieler Tier- und Pflanzenarten.

Natürlich ist davon auch die menschliche Gesellschaft betroffen. Hier allerdings gelten andere Ausführungsregeln, die im Unterschied zur außermenschlichen Natur nicht mittels übergeordneter, vom Individuum nicht beeinflussbarer Kräfte oder Mächte bestimmt werden (auch wenn das immer wieder versucht wird). Hier können nur freiheitliche, dem Einzelnen wie der Gemeinschaft volle Entfaltung ermöglichende Regulative helfen.

Nachbemerkung

In erheblich größerem und eindrucksvollerem Umfang führte die Natur den gleichen Effekt, wie man heute weiß, mehrfach selber vor: wiederholte Vereisungen der Erde – die weitaus gravierender waren als das vergleichsweise «kürzlich» stattgefundene Diluvium – führten dazu, dass «alles Leben im Ozean (nur dort gab es Leben) [...] zu einer Überwinterung unter einer dicken Eisdecke gezwungen war. Die ‹Marinoan Glaciation›, vermutlich die schwerste aller Erdvereisungen, dauerte von etwa 650 bis etwa 635 Millionen Jahre vor unserer Zeit [...] Auffallend ist in der Tat, dass sowohl die frühere, rund zweieinhalb Milliarden Jahre zurückliegende ‹Makganyene Glaciation› als auch die ‹Marinoan Glaciation› nach ihrem Abklingen jeweils einen gewaltigen evolutionären Schub zur Folge hatten. Die [...] ‹Makganyene Glaciation› zog den spektakulären Entwicklungsschritt der Endosymbiose nach sich, der zur Entstehung eukaryonter Zellen führte. Auch der ‹Marinoan Glaciation› sollte [...] ein gewaltiger Evolutionsschub folgen: Zum ersten Teilschritt, der Entstehung erster mehrzelliger Lebewesen [...] kam es vor rund 600 Millionen Jahren [...] Der zweite Teilschritt, das Auftauchen erster Lebewesen mit rechts-links-symmetrischem Körperbau und Körperlängsachse (Bilateralia) ereignete sich vor etwa 570 Millionen Jahren ... Ein Zusammenhang zwischen Umweltstressor (Vereisung) und einem nachfolgenden Entwicklungsschub wird von vielen Forschern bejaht ...»[42]

Die äthergeographische Mittelpunktlage des Goetheanum

Abb. 1: Äthergeographische Mittelpunktlage der Goetheanum-Region: Das Dreiländereck mit seinem Zentrum Basel und dem weiträumigen Umkreis von Jura, Schwarzwald und Vogesen. Zwischen den Mittelgebirgen die nach allen Seiten offenen Flusslandschaften: in der Mitte mit dem Rhein nach Norden, im Südwesten zur Saône und Rhône und im Nordosten, gerade noch erkennbar, der Ursprung der nach Osten abfließenden Donau aus ihren beiden Quellflüssen Brigach und Brege.

Die Region, von der im Folgenden die Rede ist, umfasst das Dreiländereck Nordwestschweiz, südliche Rheinebene sowie Südschwarzwald und südliche Vogesen, die Burgundische Pforte und den nördlichen Jura mit seinen Tälern.

Vor unserem Auge öffnet sich eine immer wieder aufs Neue überraschende landschaftliche Vielfalt, ja Gegensätzlichkeit auf engem Raum, die ihresgleichen sucht – nie dramatisch, eher sanft, mitunter lieblich, hin und wieder auch kraftvoll und herb, insgesamt anheimelnd, ja heimatlich – man fühlt sich hier wohl: die ideale, auf ihre Weise reichhaltige Landschaft, die nichts Dramatisches enthält, das der verwöhnte Tourist sucht – dazu ist sie viel zu ausgeglichen, in sich ruhend. Ihre Vollkommenheit liegt auf einer anderen Ebene, auf derjenigen der Begegnung und Durchdringung und gegenseitigen Ergänzung unterschiedlichster Landschaftsformen, was sich dann dem forschenden Auge bei genauerem Hinsehen im Neben- und Miteinander höchst verschiedenartiger Pflanzengemeinschaften zeigt, die ursprünglich weit getrennten Regionen Europas mitsamt seiner Randgebiete entstammen. Sie sollen im Folgenden näher betrachtet werden, nicht zuletzt auch ihrer Herkunft nach: sie sind allesamt keineswegs stabil und dauerhaft, sondern unterliegen in längeren Zeiträumen klimatisch beeinflussten Veränderungen – es ist gewissermaßen ein langsames Vor- und Zurückfluten. Dieses ist durchaus nicht zufällig oder gar chaotisch, sondern folgt bedingenden klimatischen Voraussetzungen. Um diese Bewegungen soll es im Folgenden gehen, anhand einer Wanderung durch das Gebiet, das zuerst in seinen Einzelheiten knapp umrissen sei: die unterschiedlichen landschaftlichen Strukturen sind schließlich in ihrer Pflanzenwelt Ausdruck der jeweiligen ätherischen Qualitäten – genauer: Aktivitäten. Und diese drücken sich, wie zu zeigen sein wird, in unverwechselbarer Weise in den Gestaltungen der jeweiligen regionalen Pflanzendecke aus.

Da sind erst einmal die uralten Gebirgshorste aus dem Erdaltertum, bis heute überdauernd und längst auf Mittelgebirgsniveau abgetragen: Vogesen und Schwarzwald als Reste eines einheitlichen von Nord nach Süd streichenden Gebirges, dessen Mitte bei der Bildung des Rheintalgrabens in der Tiefe versank. Im Süden zieht sich als Querriegel der viel jüngere Höhenzug des Jura, von Südwesten kommend und bis ins östliche Mitteleuropa streichend.

Dazwischen die Flussniederungen des Rheins – als schmales gewundenes Band vom Bodensee nach Westen verlaufend und ab Basel nordwärts ziehend, jetzt in einem breiten Bett, das aus der eben erwähnten

Gegenbewegung zur Gebirgsbildung entstanden ist; in ihm stieg an einer Stelle besonders starker Ost-West-Dehnung der erdgeschichtlich junge, wenn auch längst nicht mehr aktive Vulkan des Kaiserstuhls empor. Weiter südlich und nur wenig nördlich von Basel ragt dagegen das fossile Korallenriff des Isteiner Klotzes unmittelbar über den Rhein empor.

Die Ebene des Grabenbruches setzt sich (wenn auch geologisch anderen Ursprunges) als welliges Hügelland, kaum von Höhenzügen unterbrochen und lediglich im Südosten und Nordwesten von ihnen flankiert, über die Burgundische Pforte nach *Westen* fort. Die Flüsse und Bäche, aus den Vogesen und dem Jura kommend (z. B. der Doubs), entwässern sämtlich zuerst nach Südwesten und dann nach *Süden* zur Rhône hin.

Schließlich weist, wie erwähnt, der Verlauf des Rheintales oberhalb von Basel – entgegen der Strömungsrichtung des Flusses – nach Osten, zum Bodensee und über diesen hinaus in die ausgedehnten breit gefächerten offenen Landschaften des sich nach *Osten* und Südosten hin weitenden Donauraumes.

Im Unterschied, ja Gegensatz zu den über lange Zeiträume hinweg unveränderten geologischen Oberflächenstrukturen verhält sich die Pflanzenwelt alles andere als stationär und ist im Grunde immer in Bewegung. Diese Wanderungen vollziehen sich in der Regel über lange Zeiträume hinweg als Folge von Klima-Änderungen, wie sie in der Vergangenheit immer wieder stattfanden (und auch weiterhin andauern). Vollständig anders, ja weit in den Schatten gestellt sind diese «stillen» Bewegungen allerdings seit dem Auftreten des Menschen als Um- und Neugestalter der ursprünglichen Natur und ihrer Lebewesen, der Pflanzen und Tiere, die sich zunehmend in einem immer atemberaubenderen Tempo abspielen. Von diesen, die ursprüngliche Natur vollständig verändernden Aktivitäten soll im Folgenden allerdings nicht die Rede sein; sie seien nur erwähnt, weil sie durch ihre radikalen Neugestaltungen das ursprüngliche Bild – um das es an dieser Stelle in erster Linie gehen soll – teilweise bis zur Unkenntlichkeit überlagern und zum Verschwinden bringen.

In erdgeschichtlich und klimatisch relativ ruhigen Zeiten – wie sie gegenwärtig herrschen – ist davon nicht viel zu erkennen, obwohl die Bewegungen dennoch stattfinden: Samen werden vom Wind, vom Wasser transportiert, von Vögeln und anderen Tieren und nicht zuletzt absichtlich oder unabsichtlich durch den Menschen verbreitet. Anders jedoch während Zeiten großklimatischer Veränderungen, von denen die einschneidendsten die Phasen der letzten großen Eiszeit waren, die massive Abkühlungen mit sich brachten und bis hin zu Vergletscherungen im

Schwarzwald führten. Sie endete vergleichsweise – in erdgeschichtlichen Zeiträumen gerechnet – erst kürzlich, zwischen zehn- und fünfzigtausend Jahren vor heute.

Die Abkühlung, die sie in ganz Europa mit sich brachte, hatte die Einwanderung von Pflanzen arktischer und gemäßigt arktischer Herkunft bis weit nach Süden zur Folge, wo sie nach der späteren Klima-Wiedererwärmung verschwanden, mit Ausnahme einiger Arten, die in klimatisch zusagenden Refugien bis heute überleben. In erster Linie betrifft das die höheren Regionen der Alpen, aber auch des Jura, und in dem hier in Frage stehenden Gebiet vor allem eng begrenzte Stellen der Hochlagen des Südschwarzwaldes. Hier wächst beispielsweise der zierliche, weiß blühende Siebenstern *(Trientalis europaea)*, der in Nord- und Nordosteuropa bis nach Norddeutschland hinab weit verbreitet ist, und als Weitere der düster violett blühende Alpenhelm (*Bartsia alpina)*, der zierliche alpine Frauenmantel *(Alchemilla conjuncta)* und einige wenige andere, deren Namen bereits erkennen lassen, dass sie in den Alpen erheblich größere Refugien besiedeln. – Nach dem Rückzug des Eises und mit beginnender Erwärmung bildeten sich in weiten Teilen des mittleren Europas offene, anfangs nur locker vor allem von Kiefern bestandene Steppen – besonders ausgedehnt im Südosten, in Ausläufern bis ins westliche Mitteleuropa, in die Rheinebene reichend. Charakteristische, damals einwandernde Gewächse sind etwa die zierlichen Federgräser *(Stipa)*, die violetten Küchenschellen *(Pulsatilla vernalis)* und das schneeweiße Große Windröschen *(Anemone silvestris)*, Letzteres mit einem weit nach Westen vorgeschobenen Außenposten in der Steppenheide des Kaiserstuhls.

Die langsame Erwärmung bewirkte weiterhin, dass über die Wanderstraße des Rhônetales und durch die anschließende Burgundische Pforte mittelmeerische Elemente von Süden her einwanderten, der Buchsbaum *(Buxus sempervirens)* oder der Schneeballblättrige Ahorn *(Acer opalus)*, der im äußersten Südwesten Deutschland bei Grenzach gerade noch erreicht, und die eine oder andere längst selten gewordene spektakuläre Orchideenart wie etwa die bizarre Affen-Orchis *(Orchis simia)*. Begleitet wurden sie von manchen auffälligen mediterranen Tierarten wie der Gottesanbeterin (*Mantis religiosa*), der Smaragdeidechse *(Lacerta viridis)* und dem in den letzten Jahrzehnten weit nach Norden vorgedrungenen bunten Bienenfresser *(Merops apiaster)*. – Von Westen schließlich ist keine große Artenfülle zu erwarten – zu klein und zu wenig abwechslungsreich ist die durch Meer begrenzte Landmasse und damit das Artenspektrum. Aber es sind doch immerhin einige markante Vertreter, die Eibe *(Taxus)*

Nordwesten, Roter Fingerhut
Digitalis purpurea

Nordosten, Siebenstern
Trientalis europaea

Südwesten, Affenorchis
Orchis simia

Südosten, Küchenschelle
Pulsatilla

Abb. 2: Die ätherische Mittelpunktlage (Aufnahmen A. Suchantke)

etwa und die Stechpalme *(Ilex)*, der Rote Fingerhut *(Digitalis purpurea)* und die stattliche, in den Wäldern ums Goetheanum besonders häufige Nieswurz *(Heleborus foetidus)*.

Um Wanderungsbewegungen von Pflanzengesellschaften handelt es sich, mehr oder weniger ausgedünnt entsprechend der Entfernung von ihren Ursprungsgebieten (in unserem Beitrag auch nur in einigen ihrer jeweils repräsentativsten Vertreter vorgestellt), und in allen Fällen Begleiterscheinung von zurückliegenden klimatischen Veränderungen. Die gab es natürlich auch an anderen Stellen Europas, ja weltweit: das Pflanzenkleid der Erde ist nie stationär, sondern immer Begleiterscheinung und Ausdruck lang- oder kurzfristig wechselnder klimatischer Bedingungen. Außergewöhnlich ist im vorliegenden Fall allerdings *die beschriebene Vierheit der Herkunfts- und Wanderungsrichtungen und ihr Zusammentreffen in unserem Gebiet*. Der Einwand, das sei doch wahrscheinlich überall so, trifft nicht – meist herrscht eine Richtung vor, wie etwa in den Südalpen, im Tessin oder am Gardasee, wo mediterrane Elemente dominieren neben sog. Lokalendemiten, d. h. kleinräumig auf engsten Umkreis beschränkten Arten, oder im lappländischen Fjell, in der südrussischen Steppe usw., was anhand der Literatur leicht zu überprüfen ist.

Eine Besonderheit der Einwanderungen in unser Gebiet sind hingegen die eingeschlagenen Wege, die keineswegs genau den Himmelsrichtungen entsprechen, sondern in allen Fällen *dazwischen liegen*. Einstrahlungen erfolgten aus *Nordosten* (arktische Landmassen), aus *Südosten* (Steppengebiete von der unteren Donau bis nach Russland), aus *Südwesten* (der mittelmeerische Einfluss unter westlicher Umgehung der Alpen) und aus *Nordwesten* (atlantisch getöntes Frankreich und britische Inseln).

Damit tritt nun die Bedeutung und die Einmaligkeit des «Dreiländerecks» mit seiner erstaunlichen landschaftlichen und pflanzlichen Vielfalt in besonders klarer Weise hervor, als ein Zentrum, in dem sich Bewegungen aus vier verschiedenen Himmelsrichtungen treffen. Stimmt das wirklich – es sind ja gerade nicht die (abstrakten) Himmelsrichtungen, *sondern die (konkreten) Räume dazwischen?* Und es handelt sich auch nicht um Qualitäten, *sondern um qualitativ verschiedene Aktivitäten*. Es sind *Bewegungen in der Zeit*, auf das Ganze des jeweiligen Art-Areals und ihres klimatisch bedingten Hin- und Herflutens bezogen, auf das in Bewegung befindliche Verbreitungsgebiet, das sich auch als der wachsende oder sich zurückziehende Leib der betreffenden Pflanzenart verstehen lässt. Natürlich nicht als *physische* Ganzheit – schließlich sind die einzelnen Individuen nicht leiblich miteinander verbunden –, sondern als *ätherische:* über das gesamte Verbreitungsgebiet erstreckt sich der «verdünnte» Ätherleib der betreffenden Art-Individualität, und die lebenserhaltenden Wirksamkeiten der Erde, der Luft, des Lichtes und des Wassers wirken als aktive Bildekräfte in der Ausgestaltung und Erhaltung dieses «Leibes».

Wir treffen uns hier, ursprünglich gänzlich unbeabsichtigt, neuerlich mit einer bemerkenswert klaren Studie von Ernst Marti[43], der von einer rein *begrifflichen* Untersuchung ausgehend zu einer übereinstimmenden *phänomenologischen* Charakterisierung der Ätherarten gelangt, wie sie hier von uns, ausgehend von empirischen Untersuchungen, vorgestellt werden (siehe das beigegebene Schema).

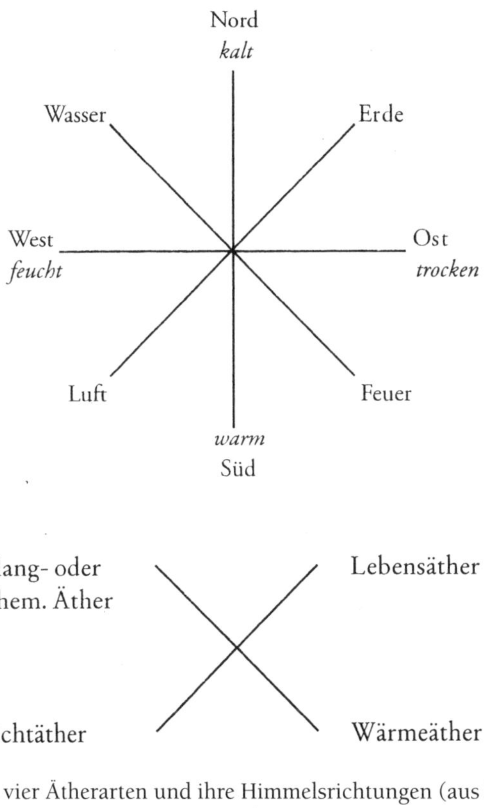

Abb. 3: Die vier Ätherarten und ihre Himmelsrichtungen (aus Ernst Marti: Die vier Äther[44])

Für das betroffene Gebiet und seine Landschaften ist die Bedeutung dieser Feststellung gar nicht abzuschätzen und mit ein paar dürren Worten auch nicht abzuhandeln. Eines jedoch dürfte sicher sein: es ist hier für die Sphäre menschlicher Kulturleistungen – bei deren Zustandekommen es sich ja stets um «umgewidmete», in den Kulturbereich emporgehobene ätherische Bildekräfte handelt – ein besonders großes Reservoir vorhanden, und das Goetheanum befindet sich keineswegs zufällig an diesem Ort. In seiner *ursprünglichen* Gestalt jedenfalls stellte es eine spirituell-künstlerische Schöpfung dar, die alles Übrige, im gleichzeitigen Kultur- und Naturbereich Zusammenfließende nicht nur steigerte, sondern auf Weltbedeutung emporhob.

Das Dreiländereck steht mit seiner Synthese, seiner Konzentration der Ätherkräfte damit nicht allein. In gewisser Weise Vergleichbares schildert eine alte jüdische Legende, die von dem Ort handelt, an dem der Leichnam von Adam beigesetzt werden sollte:

> Am «Mittelpunkt der Erde.
> Dort hängen vier Enden miteinander zusammen;
> Denn als Gott die Erde schuf,
> Lief vor ihm seine Kraft her, und die Erde lief ihr von vier Seiten aus,
> Gleich Winden und Säuseln, nach.
> Dort aber blieb seine Kraft stehen und kam zur Ruhe.»

Gemeint ist damit die «Mitte der Erde» in dem Raum, der das Gebiet von Sinai über den Jordan bis zum See Genezareth umschließt (nach P. Riessler: Altjüdisches Schrifttum außerhalb der Bibel[45]). Man vergleiche auch den derselben Thematik gewidmeten Beitrag des Verfassers in A. Suchantke (Hg.): *Mitte der Erde.*[46]

Die Mistel und das gelöste Rätsel ihrer Heilkraft

Der folgende Beitrag stellt den Versuch dar, auf dem Wege goetheanistischer Wahrnehmungs- und Erkenntnismethodik das Wesen eines spezifischen Organismus, der Mistel, zu erfassen – als notwendige Grundlage für den sinnvollen Umgang mit ihm.

Was macht die Mistel (*Viscum album*) unter den höheren, den Blütenpflanzen, so einzigartig? In erster Linie ist es sicherlich ihre Entfremdung von der Erde, mit der sie über ihren Wirtsbaum nur noch in indirekter Verbindung steht. Dadurch besitzt sie, anders als die meisten höheren Pflanzen, eine weitgehende Unabhängigkeit vom jeweiligen Standort; ob Wald, Straßenrand, Flussufer oder Obstwiese, Misteln gedeihen fast überall.

Sie als «Parasit» zu bezeichnen, ist nur in sehr eingeschränktem Sinne berechtigt, schließlich tut sie der Vitalität ihres Tragbaumes in der Regel kaum Abbruch, jeder kennt den winterlichen Anblick mit Misteln überladener Pappeln von ungemindert kräftigem Wuchs. Unsere heimische Mistel ähnelt darin den Vertretern einer ebenfalls parasitischen «Schwesterfamilie», den *Loranthaceen*, zu der sie früher dazugezählt wurde und heute aufgrund erheblicher Unterschiede in der Familie der *Viscaceen* abgetrennt ist. Beide gehen allerdings auf eine gemeinsame Wurzel zurück in der Ordnung der *Santalales*, von der aus sie sich in unterschiedliche Richtungen entwickelten. In der Folge seien beide Verwandtschaftskreise kurz skizziert, beginnend mit den Loranthaceen, da sich gerade im Vergleich mit ihnen das Typische der eigentlichen Misteln, der Viscaceen, vor allem unserer heimischen Mistel als Heilmittel besonders klar erkennen lässt.

Loranthaceen

Die meisten Arten, von denen allein fast 240 (!) in Afrika vorkommen (Polhill & Wiens 2004[47]), haben in ihrem Erscheinungsbild mit dem einzigen in Europa auftretenden, vergleichsweise bescheidenen und entfernt mistelähnlichen (im Winter allerdings blattlosen) Vertreter *Loranthus europaeus* keinerlei Ähnlichkeit – es dominiert regelloses Wachstum, das je nach Art zu dichten unförmigen Massen in den Baumkronen führt oder zu lang gestrecktem, weit verzweigtem Geäst ohne ersichtliche Eingliederung in die Gestalt des Wirtsbaumes.

Dazu kommen, und hier liegt der größte Unterschied zu den in dieser Hinsicht auch in Afrika gestaltlich bescheidenen Viscaceen, weithin leuchtende, häufig rote und auffällig gestaltete Blüten, die ihre symbiotische Verbundenheit mit nicht minder bunten Nektarvögeln (in Süd- und Mittelamerika mit Kolibris) als Bestäuber zu erkennen geben – Ausdruck ihrer starken Überformung durch die geflügelten Gehilfen.

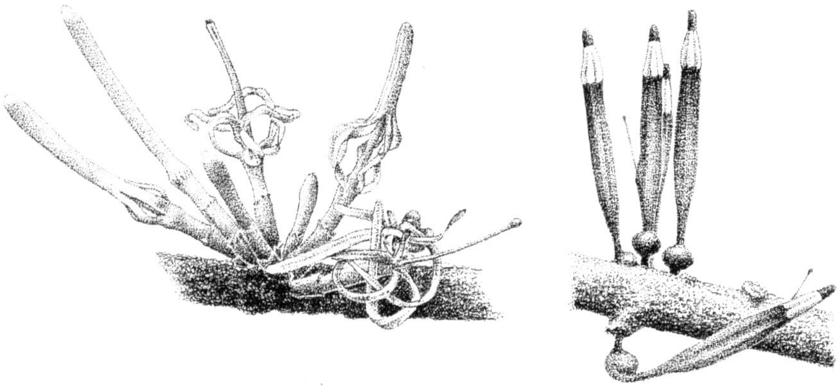

Abb. 1: Leuchtend rote Röhrenblüten ostafrikanischer Loranthaceen mit Markierungen für die Schnäbel der Nektarvögel: bei der leisesten Berührung öffnen sich die Blüten explosionsartig.

Fremdartig, wie die Ergebnisse eines Abwehrkampfes des Baumes gegen den Parasiten, erscheinen die eigenartigen «Holzrosen», mitunter erstaunlich große Geschwulstbildungen des Wirtsbaumes am Ansatzpunkt des Parasiten, Bildungen, die es bei echten Misteln nicht gibt. Sie muten wie im Holz aufgestaute und erstarrte Strömungsbewegungen und Konzentrationen von Bildekräften an, die sich am Punkt der Verletzung aufstauen, aber nicht zur Wundheilung, sondern zur Verknöcherung, Nekrotisierung führen (Abb. 2).

Andere Arten sind nicht so eng auf eine bestimmte Ansatzstelle am Wirtsbaum lokalisiert, sondern führen «epicorticale» (außerhalb der Rinde verlaufende) echte Wurzeln an den Ästen ihrer Tragbäume entlang, von denen dann in Abständen Senker ins Innere des Tragastes ausgeschickt werden.

In scheinbarem Gegensatz dazu stehen gewisse australische Lorantha-

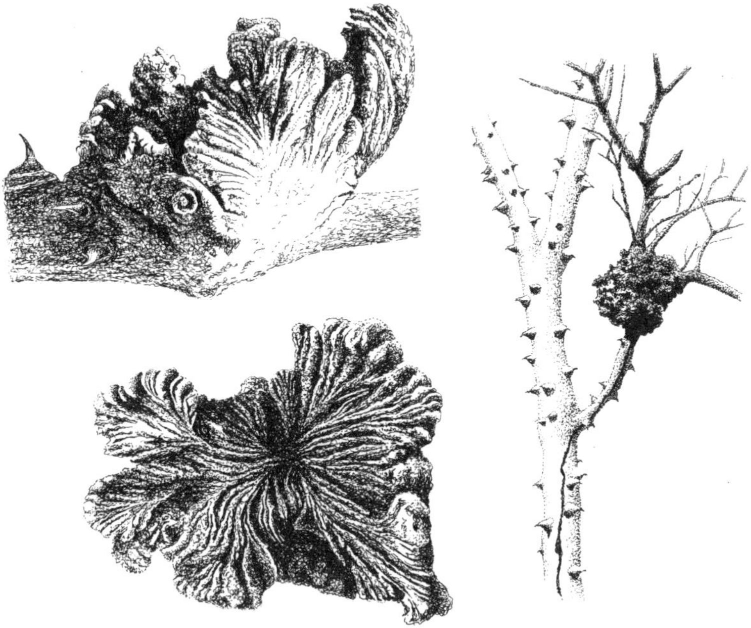

Abb. 2: Links zwei «Holzrosen» – die obere am Ast einer *Erythrina sp. (Fabaceae)* – der abgestorbene Verursacher ist längst herausgefault. Küstenbusch südlich Mombasa, Kenia. Unten eine faustgroße Bildung einer Loranthacee aus Brasilien, wie sie von Einheimischen an Touristen verkauft wird.
Rechts Holzrose an einem *Erythrina*-Bäumchen, von notorisch lichtscheuen Termiten mit zerkleinerten Holzresten umkleidet (auch die Zugangsstraße ist durch einen entsprechenden Tunnel verhüllt) und im Innern wahrscheinlich längst verzehrt; die Fortsetzung des Astes ist abgestorben. Küstenbusch südlich Mombasa, Kenia 1970. (Standort durch Tourismus-Industrie heute zerstört.) Originalzeichnungen Verfasser

ceen, die etwas vorführen, das im ganzen Pflanzenreich einmalig sein dürfte: sie passen sich in Wuchsform und Blattgestalt ihren höchst unterschiedlichen Wirtsbäumen in so verblüffender Weise an, dass man schon sehr genau hinsehen muss, um beide voneinander zu unterscheiden. Es sind vor allem Arten der Gattung *Amyema*, die beispielsweise auf *Casuarina* genau wie ihr Träger schmale nadelartige Blätter ausbilden, auf *Eucalyptus* je nach Wirtsbaum-Art und genau wie diese lange sichelförmige oder kurze lappenförmige Blätter (Barlow & Wiens 1977[48]). Wir werden

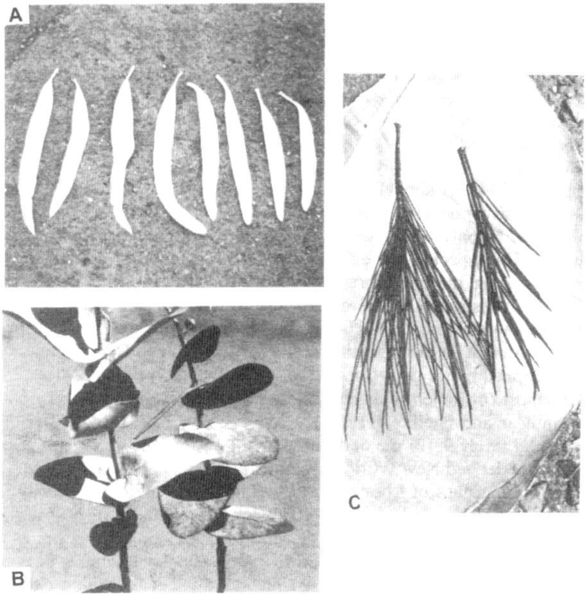

Abb. 3: Übereinstimmung der Blätter australischer Loranthaceen und ihrer Wirtsbäume:

A Parasit *Amyema sanguineum*: 4 Blätter links; Wirtsbaum *Eucalyptus crebra* 4 Blätter rechts.

B Parasit *Dendrophtoe homoplastica* links; Wirtsbaum *Eucalyptus shirleyi* rechts.

C Parasit *Amyema cambagei* rechts; Wirtsbaum *Casuarina tortulosa* links (Achtung – umgekehrte Reihenfolge wie bei A und B).

(Aus B. A. Barlow 1981. Leider waren keine besseren Reproduktionen verfügbar.)

auf dieses ebenso eigenartige wie einzigartige Phänomen zurückkommen (siehe Abb. 3).

Viscaceen – eigentliche Misteln

Sieht man sich die afrikanischen Vertreter dieser Familie an – immerhin 47 Arten, fast ausschließlich der Gattung *Viscum* zugehörig –, dann fällt gerade im Vergleich zu den Loranthaceen ihre Unscheinbarkeit auf, sieht man von gelegentlichen großen und vertraut anmutenden Kugelbüschen

Abb. 4: Unser Begleiter im Begriff, zu einem wunderschönen Kugelbusch der afrikanischen Mistel *Viscum tuberculatum* auf Pilarwood *Cassipourea malosana (Rhizophorac)* emporzuklettern, dem Charakterbaum des Monsunwaldes am Mount Oldeani im ostafrikanischen Krater-Hochland, 1970.
Zeichnung Andreas Suchantke

oder tangartig herabhängenden schlaffen Massen ab – mitunter sind sie zudem blattlos oder besitzen nur kleine schuppenartige Blattrudimente. Die Blüten sind in der Regel noch kleiner und unscheinbarer als bei unserem *Viscum album*. Gelegentlich werden ihre Büsche durch Loranthaceen hyperparasitiert.

Viscum minimum, die wohl extremste aller Misteln, besiedelt im Kap-Gebiet Südafrikas blattlose sukkulente *Euphorbia*-(Wolfsmilch-)Arten von säulenförmigem Kakteen-Habitus. Dieses erstaunliche Gewächs verschwindet buchstäblich in seine Wirtspflanze hinein, die winzigen knospenartigen Blatt- und Blütensprosse lassen sich nur mit der Lupe erkennen, und einzig die feuerroten, doppelt erbsengroßen Beeren wirken weithin auffallend – Signal für früchtefressende Vögel als Verbreiter. In dieser Spezies stellt sich das absolute Gegenbild zu den luxurierenden

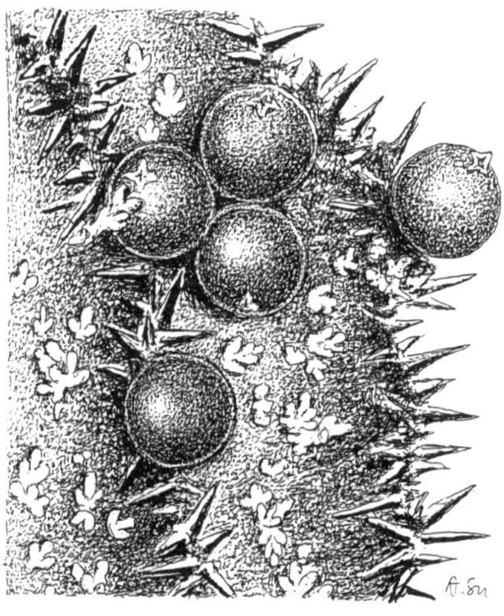

Abb. 5: *Viscum minimum* auf wildbestachelter *Euphorbia horrida*. Nur mit Mühe erkennt man die winzigen «oberirdischen» grünen Sprosse. Städtische Sukkulentensammlung Zürich

Loranthaceen mit ihrer vegetativen Üppigkeit und hochdifferenzierten, farbenprächtigen Blütenfülle dar. Erwecken diese den Eindruck, alle Lebenskräfte aus den von ihnen befallenen Gewächsen herauszuziehen, so scheint *Viscum minimum* umgekehrt von seiner Wirtspflanze verschluckt zu werden oder kriecht, anders herum gesehen, in diese geradezu hinein.

Eine Tendenz, die unter den Mistelverwandten der Familie der Viscaceen in der Gattung *Arceuthobium,* den Zwergmisteln, ihren Höhepunkt erreicht. Eine Art, *A. oxycedri,* kommt in Südeuropa vor; die kleinste, *A. minutissimum,* aus dem Himalaya, verzweigt sich in der Rinde ihres Wirtsbaumes und schickt nur ihre Blüten an die Oberfläche. Sie gilt als kleinste dikotyle Pflanze (Hegi) und stellt in ihrem Wuchsverhalten eine deutliche Parallele zu *Viscum minimum* dar. Beide bilden die denkbar größten Gegensätze zu den «luxurierenden» Loranthaceen, und ihre jeweiligen Bildegebärden sind überaus sprechend. – In Nordamerika gibt es zahlrei-

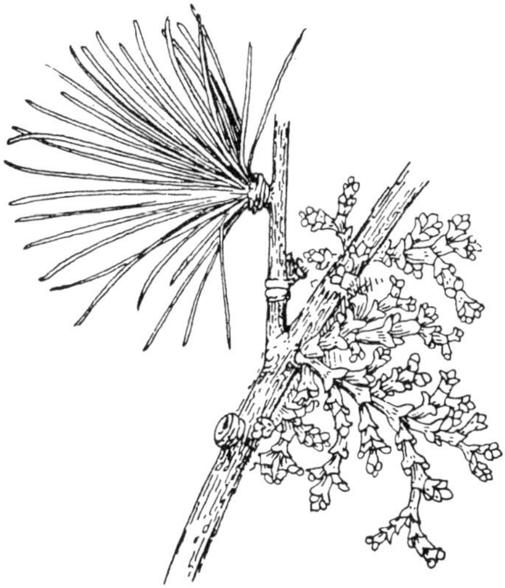

Abb. 6: *Arceuthobium larici* (rechts) auf der Lärche *Larix occidentalis.* (3/4 nat. Größe). Westliche USA (Aus L. Abrams 1995[49])

che *Arceuthobium-Arten,* die allesamt als Forstschädlinge gefürchtet sind: äußerlich höchst unscheinbar, mit dichtgedrängten Polstern blattloser kleiner Sprosse eher an Moosklumpen erinnernd, dringen die Massen ihrer Senker umso tiefer in das Holz des Wirtsbaumes (ausschließlich Koniferen) ein und durchlöchern es in einer Weise, dass es als Bauholz nicht mehr zu gebrauchen ist.

Obwohl typische Viscacee, steht sie doch in ihrer Gestalt und in ihren Lebensprozessen *in der Mitte* zwischen den Extrembildungen der Loranthaceen auf der einen Seite und den «Minimalisierungs»-Erscheinungen von *Viscum minimum* und den noch reduzierteren *Arceuthobium*-Arten andererseits. *Zurückhaltung* ist ihr Motiv – auch als Parasit, der sie durchaus ist: anstelle normaler Wurzeln bildet die Mistel Chlorophyll enthaltende «Senker», die von der Rinde aus in den Wirtsbaum eindringen, die unter der Rinde liegende hauchdünne lebende Bildungsschicht des Baumes, das *Kambium*, durchstoßen und anschließend die Schicht «toter» – in Wirklichkeit vom darüberliegenden Kambium in seinem Grenzbereich ständig neu gebildeten – Holzzellen des Xylem erreichen. «Zunächst besteht das Senkergewebe aus unspezifischem, grünem Parenchym (Füllgewebe). Der Anstoß zur Differenzierung geht von dem umgebenden jungen Holzgewebe des Baumes aus» (Mandera 2005[50]), in welchem sich Leitgewebe bilden. An der Peripherie des Senkers gestalten sich dessen zunächst völlig unstrukturierte Parenchymzellen ebenfalls zu Leitbahnen um, sowie sie Kontakt mit den Holzgefäßen des Wirtes aufnehmen. Auf diese Weise kann das in den Gefäßen des Wirtes strömende Wasser in die Senker hinüber geleitet werden: über Leitgewebe, das sich zunehmend ins Innere des Senkers fortsetzt und schließlich in die «oberirdischen» Leitungsbahnen des grünen Mistelsprosses mündet. Solcherart wird dem Wirtsbaum nicht nur Wasser mit den darin gelösten Mineralstoffen entzogen, sondern auch organische Substanzen, sodass *ein beträchtlicher Prozentsatz der in der Mistel enthaltenen Kohlehydrate und Aminosäuren aus dem Wirtsbaum stammt – zwischen 23 und 43 %* – ein wichtiger Tatbestand, auf den zurückzukommen sein wird (Richter & Popp 1992[51]).

Es ist augenscheinlich ein dialogisches Geschehen – das eine ist der eindringende Senker, auf den wiederum der Wirtsbaum durch lokale Verdickung der betroffenen Astpartie reagiert. Es ergibt sich das eigenartige Bild einer Hilfestellung des befallenen Baumorganismus dem Parasiten gegenüber – er kommt ihm buchstäblich entgegen. Vergleichbares findet sich in der Reaktion des menschlichen Organismus in der Tumorbildung: «Die lokale Invasion beginnt von Seiten des Tumors […] *gefolgt* von der Ausbildung eines tumoreigenen Gefäßsystems von Seiten des Organismus» (Roemer, zitiert in Mandera 2005[52]) – eine aufschlussreiche Parallele. Damit wäre der Mistelbefall eine Art von Carcinombildung, allerdings eine – verglichen mit dem Pendant, das den Menschen befällt – eher gutartige, *oder besser: latente*. Das wird besonders deutlich, vergleicht man sie mit der Reaktion gewisser Loranthaceen, deren Wirkung auf ihren Wirtsbaum zur Bildung wild und regellos wuchernder «Holzrosen» führt (Abb. 2). Man könnte Ähnliches erwarten, wenn unsere Mistel die dem Wirtsbaum entzogenen Nährsubstanzen (und die sie dirigierenden Bildekräfte) zum eigenen Gestaltaufbau verwenden würde nach Art der erwähnten, gestaltlich «luxurierenden» Loranthaceen. Die Mistel jedoch bleibt in all ihren Bildungen viel zu verhalten und sparsam und auf deutlich *jugendlichem Niveau* stehen, wie im Folgenden zu zeigen sein wird.

Ausdruck dieser «Juvenilisation» sind beispielsweise Vereinfachungen in der Blütenbildung, die in deutlichem Gegensatz zu den Loranthaceen stehen: die Staubblätter bleiben von Anfang an mit den Anlagen der Kronblätter verwachsen, und Kelchblätter fehlen völlig. Stammesgeschichtlich (phylogenetisch) handelt es sich dabei um sekundäre Vereinfachungen, um Verluste. Bezogen auf die individuelle Entwicklung des einzelnen Individuums (Ontogenese) kommt es hingegen gar nicht erst zur Ausbildung eines Kelches – *die Blütenbildung bleibt auf einem früheren, einfacheren, jugendlicheren Stadium stehen*. Dazu passt, dass auch die Laubblätter der Mistel während ihres Entstehens die Entwicklungsschritte hin zur Differenzierung, wie sie bei Blütenpflanzen üblich sind, nicht mit vollziehen: «Spezielle Gewebe, wie sie sonst für Laubblätter typisch sind (Palisadenparenchym und Schwammparenchym mit Atemhöhlen), bilden sich nicht aus. Auch hier zeigt sich ein Hemmprinzip [...] Weder Spross, noch Blätter, noch Blüten der Mistel werden so weit ausdifferenziert, wie es den vollen Blütenpflanzen entspricht. *Sie bleiben dem undifferenzierten Gewebe eines Keimlings nahe*» (Richter & Popp 1992[53]). Das Gleiche gilt für die Samenanlagen und Weiteres. Man sehe sich die Zusammenstellung erstaunlicher Phänomene bei Göbel & Dorka 1986[54] und Dorka 2006[55] an, die alle in eine Richtung weisen – auf die *Keimhaftigkeit* der Mistel oder, anders ausgedrückt, auf ihre gestaltliche Primitivität. Damit ist keine bloß äußerliche Bildanalogie gemeint, sondern es kennzeichnet sehr genau das Wesen der Erscheinung.[56]

In diesen Zusammenhang gehören weitere interessante Entdeckungen, Eigenarten der Mistel betreffend, die sich im Verlauf der Keimung und der daran anschließenden Wachstums- und Reifephase zeigen. Es handelt sich dabei, wie Untersuchungen im Carus-Institut/Öschelbronn (Göbel & Dorka 1986[57], Dorka 2006[58]) ergaben, um merkwürdig wechselnde Zu- wie Abwendungen gegenüber Schwerkraft- und Lichteinflüssen und *schließlich völlige Entfremdung von beiden*: Zunächst folgen die ersten Keimungsschritte noch ganz der für alle höheren Pflanzen typischen Polarisierung: Das aus dem Samen sprossende Hypokotyl (die erste Anlage des Keimlings noch vor aller Differenzierung) wendet sich vom Licht weg und zur dunklen Rinde des Tragastes hin. Dort bildet sich zunächst geotrop (der Schwerkraft folgend) der erste Senker, der ins Innere des Holzes vordringt. Das entgegengesetzte Ende des Keimlings richtet sich auf und wendet sich, befreit von den Resten der Samenschale, dem Licht zu. Es sind das die gleichen Bewegungen der «organischen Entzweiung» (Goethe), wie sie sich bei der Keimung jeder höheren Pflanze abspielen. Im weiteren Verlauf kommt es dann auch zu ersten, stets dem Licht zugewendeten (= phototropen) Verzweigungen.

Im 5. Jahr dann, mit dem (erstaunlich späten) Eintritt der Blühreife, beginnt eine radikale, *von keiner anderen Pflanze bekannte* Umorientierung und Emanzipation von Zu- und Abwendung gegenüber Licht und Dunkel sowie Leichte und Schwere: mittels Pendel-(Nutations-)Bewegungen im Zeitlupentempo richten sich die einzelnen Sprosse zentrifugal in alle Richtungen aus. Als Ergebnis bildet sich nach Beendigung des Pendelns die charakteristische Kugelgestalt des Mistelbusches aus mit ihrer allseitig gleichmäßigen Verteilung der Sprosse.

Diese faszinierende Entdeckung zeigt, dass sich die Mistel in einer innerhalb der höheren Pflanzenwelt einmaligen Weise nicht nur aus dem irdischen Schwerefeld emanzipiert, sondern zusätzlich aus dem Licht- und Sonnenraum (aus diesem allerdings nur eingeschränkt, da sie natürlich weiterhin photosynthetisiert). Das ist auch deshalb so bemerkenswert, weil diese Beziehungen ja zunächst, in der Keimungs- und ersten Jugendphase durchaus noch da sind. Die daran anschließende Entwicklung bedeutet also im Grunde eine Regression – an die Stelle von Evolution tritt *Devolution*. So absurd die Vorstellung zunächst erscheint, so sehr ähnelt dieses «unzeitgemäße Gewächs» (Steiner 1920[59]) einem Embryo, *der im mütterlichen Organismus, im Fruchtwasser der Schwerkraft ebenso wie dem Sonnenlicht entzogen ist und seine Nahrung über Blutgefäße bezieht, durch die er mit dem Kreislauf der Mutter verbunden ist*. Die Mistel erhält ihre Nährstoffe durch die Gefäße des Wirtsbaumes, Wasser mit darin gelösten Salzen und, wie bereits erwähnt, einen beträchtlichen Anteil organischer Substanzen aus dem «mütterlichen» Stoffwechsel des Wirtsbaumes (Kienle & Kiene 2003: 430[60], dort weitere Verweise).

Der embryonale Charakter der Mistel – im weitesten Sinne verstanden – ist auch deshalb von Interesse, weil er Äußerungen Rudolf Steiners über den «unzeitgemäßen» Charakter der Mistel verständlich macht: Sie sei im Grunde ein Relikt aus einer früheren Entwicklungsphase der Erde, aus einer Zeit, in welcher der Mond noch kein selbständiger Himmelskörper, sondern Teil des damaligen Erdenvorläufers gewesen sei. Erst als Folge des damaligen Austrittes des Mondes aus der Erde kam es, Rudolf Steiner zufolge, zur Aufrichtung und im Zusammenhang damit zur charakteristischen funktionalen und gestaltlichen Polarisierung des menschlichen Organismus in das Umkreis-orientierte Stoffwechsel-Gliedmaßen- und das innenzentrierte Nerven-Sinnes-System (Steiner 1904–1908[61], 1905[62]).

Dieses Bildungsmuster – von der organischen Einheit zur organischen Entzweiung –, um neuerlich Goethes Formulierung des Zentralmotivs aller Entwicklungs*beginne* zu verwenden, durchzieht ja die gesamte höher differenzierte Organismenwelt, also auch das höhere Pflanzenreich, das höhere Tierreich und umfasst damit auch, wie erwähnt, den Menschen, bei dem es wie im Tierreich zur erwähnten Polarisierung der großen Systemkomplexe führt (Portmann 1976[63] mit dem Begriffsduo von embryonalem Ascensus und Deszensus).

Verglichen damit ist die Mistel höchst inkonsequent. Wohl folgt sie in den ersten Schritten der Keimung und frühen Jugendentwicklung diesem Prinzip, fällt aber dann in das entwicklungsgeschichtlich ältere Niveau gestaltlich-regionaler Undifferenziertheit zurück, wie es für Embryonen (eines bestimmten Entwicklungsstadiums) typisch ist. Die Folge davon ist, dass sie dem Wirtsbaum zwar Bildekräfte entzieht, die sie dann jedoch wegen ihres Beharrens auf diesem Stadium – sehr im Gegensatz zu den typischen «luxurierenden» Loranthaceen – nur sehr bedingt zum Aufbau ihres eigenen Organismus verwendet und stattdessen in sich *(auf)bewahrt. Ein entscheidender Punkt, der uns noch beschäftigen wird.*

Eine Aura des Unzeitgemäßen umgibt die Mistel. Rudolf Steiner charakterisiert sie ja auch dementsprechend, als ein gewissermaßen übrig gebliebenes Relikt einer vorangegangenen Entwicklungsstufe der Erde, des «Alten Mondes» (Steiner 1907[64]). Auf dieser Entwicklungsstufe gab es beispielsweise die heutige Trennung in Organisch-Belebtes und Anorganisch-Totes, Mineralisches noch nicht. Zu den «Tierpflanzen» gehörte als Substrat eine «Mineralpflanzen»-Erde. Die «Mineralpflanzen» differenzierten sich beim Übergang zur gegenwärtigen Erde in belebte Pflanzen und tote Mineralien, und die «Pflanzentiere» in heutige Pflanzen und Tiere. Mit Ausnahme, so Steiner, gewisser auf Mondenstufe zurückgebliebener Lebewesen, die heute als Parasiten auf anderen Organismen überleben, unter ihnen die Mistel. In gewissem Sinne ist sie darin konsequent: sie kann nicht im rein mineralischen Boden wurzeln, braucht aber dessen anorganische Substanzen und übernimmt sie auf einer vom lebenden Baum ins Holz (Xylem) eingeleiteten, an den Mondenzustand wohl nicht nur erinnernden, sondern real überdauerten Form – gemäß der Regel, dass in späteren Entwicklungszuständen immer auch frühere mit anwesend sind. Und wenn Steiner das Wesen des Baumes für den Pflanzenkunde-Unterricht der unteren Klassen charakterisiert, dann «ist es so, wie wenn die Erde sich selbst aufgestemmt, aufgestülpt hätte und ihr Inneres nach außen bringen würde» (Steiner 1919[65]).

Hier scheint ein Widerspruch aufzutreten: wenn schon echte, ihren Wirt «aussaugende» Parasiten, dann sind das doch die Loranthaceen – die nichts «Embryonales» an sich haben.

Natürlich nicht – und hier zeigt sich besonders klar die Bedeutung der gestaltlichen Zurückhaltung der Mistel und ihres Gegensatzes zu den Loranthaceen, diesen echten Parasiten, die ihre Wirtsbäume aussaugen und es in gewissen australischen Vertretern so weit treiben, dass sie zu deren Kopien werden. Das ist wörtlich zu verstehen: Ihre von Art zu Art höchst unterschiedlichen Blattformen, die gestaltlich mit den Blättern ihrer jeweiligen Wirtsbäume übereinstimmen, zeigen deutlich, dass es *die Bildekräfte des Wirtsbaumes sind*, die in den Parasiten einfließen und ihn formen. Anders ist die frappierende Übereinstimmung nicht zu verstehen. Zur Heilmittelgewinnung wären sie (ebenso wie die meisten übrigen Loranthaceen) wohl kaum brauchbar, da sie alle Bildekräfte, anders als die «selbstlose» Mistel, bereits für die eigene Gestaltbildung aufgebraucht haben.

Die Mistel als Bewahrerin der Bildekräfte ihres Wirtsbaumes

Damit gelangt auf einmal der Baum, der bisher vielfach nur als eine Art von «Mutterboden» behandelt wurde, ins Zentrum der Aufmerksamkeit. Was ist nun das Wesen, die Bedeutung des Baumes – besser: der verschiedenen Baumarten? Mit Sicherheit etwas so Umfassendes, dass es den Rahmen unserer Betrachtung sprengen müsste – würden wir uns nicht auf die Aspekte beschränken, die im Rahmen unserer Untersuchung von Bedeutung sind. Zunächst einmal ist unbezweifelbar, dass in der Erscheinung des Baumes die Pflanzenwelt *über sich hinauswächst und unleugbar individuelle Züge annimmt*. Das ist sonst im Pflanzenreich völlig unüblich: Es gibt nun einmal kein einmalig individuelles Gänseblümchen, keine unverwechselbare Löwenzahn-«Persönlichkeit». Anders der Baum, der dort, wo kein auf Holzbewirtschaftung angewiesener Waldbesitzer jede individuelle Entfaltung verhindert, im Laufe seines langen Lebens zu einer unverwechselbaren Baumpersönlichkeit heranwächst, und das in allen Kontinenten: eine alte Eiche, eine sturmerprobte Arve oder Lärche in der Kampfzone des Hochgebirges, ein heiliger Bo-Baum mit mächtiger Krone als Ziel buddhistischer Pilger in Indien und so fort. Allen diesen Gestalten eignet etwas unleugbar Ichhaftes, dem menschlichen Ich Verwandtes – so, als habe die Pflanzenwelt auf ihre Weise die Ich-Werdung des Menschen begleitet. Jedenfalls dürften es wohl die einzigen Lebewesen in der Natur sein, denen sich der Mensch so verwandt und intim zugehörig fühlt – Baumkulte, Baumverehrung, individuelle Namengebungen sprechen eine deutliche Sprache.

Rudolf Steiner bestätigt das durch den Hinweis, dass sich die wirkenden kosmischen Kräfte, welche die *einjährigen* (krautigen) Pflanzen gleichsam von außen umspülen, in den (baumförmigen) «Dauerpflanzen» in einem Emanzipationsprozess von ihrem kosmischen Urgrund losgelöst und verinnerlicht haben, analog der Entwicklung des Menschen: «Das, was zuerst sich bloß entwickelt hat im Wechselverhältnis des Menschen mit der Umgebung, das ist etwas in seinem Innern geworden. Bei der Pflanze haben wir dies angedeutet, indem aus der einjährigen Pflanze die Dauerpflanze wird [...] Die organischen Wesen sind auf dem Wege einer Emanzipation von den Zusammenhängen mit der Umwelt» (Steiner 1921[66]).

Diese «Individualisierung» im Einzelbaum ist ja stets erlebt worden und existiert wohl in den meisten Kulturen und findet auch in den jeweiligen Mythologien entsprechende Resonanz. Ja, man kann es auch als moderner «aufgeklärter» Zeitgenosse immer noch empfinden – etwa beim Gang durch die Ölbaumhaine im Pleistostal unterhalb Delphi: Jeder Baum wirkt wie eine unverwechselbare Persönlichkeit und jeder scheint auf ganz individuelle Weise zum Besucher zu sprechen. Besonders beeindruckend schließlich sind die charakteristischen, stets mit genügend Raum zu freier Entfaltung umgebenen Baumgestalten der afrikanischen Savanne, der Geburtslandschaft des Menschen: der kraftstrotzende Baobab (Affenbrotbaum), selbstherrlich in seiner beeindruckenden Leibesfülle, und sein Gegenbild, die mütterlich behütende, schattend beschützende und (mit ihren Schoten) ernährende Schirmakazie. Die Einheimi-

Abb. 7: Dramatisch in ihrer Gegensätzlichkeit: die beiden Charakterbäume der afrikanischen Trockensavanne, der Ursprungslandschaft des Menschen: Neben dem (jahreszeitlich unbelaubten) Baobab in seiner imposanten Einmaligkeit die bescheidene, in der Mittagshitze schattenspendende, mit ihren den Antilopen Nahrung anbietenden Schoten geradezu selbstlos anmutende Schirmakazie – ein männlich dominantes Element neben einem weiblichen, beschützenden. Zeichnung A. Suchantke

schen wissen übrigens genau, was sich einstmals bei der Erschaffung des Baobab abspielte: Nie zufrieden mit dem Ort, an den ihn Gottvater hinpflanzte, beschwerte er sich unentwegt bei seinem Schöpfer – so lange, bis dieser die Geduld verlor, den Baobab aus dem Boden riss und umgekehrt wieder einsetzte – mit den Wurzeln wirr in der Luft fuchtelnd, genauso, wie es bis heute zu sehen ist.

Bleibt die Frage: warum nimmt man nicht die Baumsubstanz *direkt*, warum der Umweg über die Mistel? Die Antwort dürfte klar sein: Im Baum sind die Bildekräfte *gebunden* und in die feste Materie, ins Holz und die arteigenen Lebensprozesse der Blatt-, Blüten- und Fruchtbildung, in die Ausgestaltung hinein geronnen und differenziert. *Die Mistel dagegen nimmt sie in einem noch unverfestigten, noch nicht festgelegten und spezialisierten, dafür umso aktiveren früheren Zustand in ihren Organismus hinüber* (Steiner 1923[67], Urech 2001/2002[68]).

Die «Selbstlosigkeit» der Mistel, die darin liegt, dass sie die «durchichten» Bildekräfte des Baumes nicht wie die Loranthaceen für sich selber braucht und verbraucht, zeigt deutlich, welche Funktion die Mistelsubstanz im menschlichen Organismus hat: «Wenn also, sagen wir, eine geschwulstartige Bildung auftaucht, so ist das ein Symptom dafür, dass nicht in richtiger Weise die Ich-Tätigkeit vom Ätherleib aus eingreift. Sie macht sich geltend, aber kann manchmal nicht herankommen an die Geschwulst. Man muss nach dieser Richtung hin gewissermaßen den Ätherleib unterstützen, dass er zur Wirksamkeit kommen kann» (Steiner 1923[69]). Die Substanz der Mistel wirkt genau an den Stellen des menschlichen Organismus, an denen dessen «Baum»-Ich-Kräfte aufgerufen werden sollen, um die aus dem Ganzen herausfallenden, Eigenwege einschlagenden Organprozesse wieder in die funktionelle Gesamtheit zu integrieren.

Wie diese Unterstützung durch die Mistel erfolgt, ist vor allem in den letzten Jahren erkannt worden, wobei Forschern an anthroposophischen Instituten ein nicht unerheblicher Teil des Verdienstes zufällt. Die Mistel greift mittels zweier antagonistisch wirkender Eiweißstoffe, Zellgifte ein, die es dem vom Tumor befallenen Organismus ermöglichen, wieder «Herr im eigenen Hause» zu werden. Beide sind, im Mistelpräparat verabreicht, gewissermaßen Wächter über die Kräfte, die in jeder Zelle herrschen: einerseits einen in sich abgeschlossenen eigenen Organismus zu bilden, und andererseits mit allen Organprozessen ihrer Umgebung in engem Austausch zu stehen. Was normalerweise innerhalb eines Organismus zu strikter Unter- und Einordnung in die übergreifenden und koordinierenden Organprozesse führt, ist bei Krebszellen gleichsam «autistisch» verschoben in Richtung auf die Bildung von etwas, das sich wie ein *fremder* Organismus innerhalb des ihn beherbergenden entwickelt. Dabei sondert sich die parasitische Bildung einerseits von ihrer Umgebung ab und zieht andererseits aus dem sie tragenden Organismus alle lebenserhaltenden Kräfte und Substanzen an sich.

Die Verteilung der beiden Zellgifte ist sowohl räumlich wie zeitlich antagonistisch (Urech 2001/2002[70]). Die einen, die *Lektine*, konzentrieren sich vor allem in den zentralen Bereichen der Mistel, in den Stängeln und Senkern; *Viscotoxine* bilden sich dagegen vor allem in den peripheren Organen, den Blättern und Kurztrieben. Die Toxinkonzentration ist im Sommer am höchsten, die Lektinkonzentration im Winter. Diese charakteristisch unterschiedlichen Qualitäten der Mistel im Sommer und Winter werden in der Präparateherstellung einbezogen, indem Sommer- und Wintersäfte gemischt werden. Antagonistisch ist aber vor allem ihre Wirkensweise – sie ergänzen sich im Tumor-befallenen Organismus wechselseitig: Die Viscotoxine lösen Krebszellen auf, indem sie deren Zellmembran zerstören, sie wirken *nekrotisch;* die Mistellektine hingegen verursachen durch zentripetale Prozesse der Verdichtung den Zelltod nach innen, sie wirken *apoptotisch.* In ihrem Zusammenspiel erweisen sie sich damit auf bezeichnende Weise als zwei polare Äußerungsformen ein und desselben – des Ätherleibes der Mistel als Bote des «Baum-Ich», diesem Wahrer des Gleichgewichtes zwischen Auflösungs- und Verhärtungstendenzen.

Die Parallelen zu den Vorgängen auf seelischer Ebene sind deutlich – auch hier gibt es Verfestigungen dogmatischer Art, «Standpunkte», die nie in Frage gestellt werden, verinnerlichte Regeln, die wie Geländer wirken, an denen man sich sein Leben lang festhalten kann, ohne jemals eine echte Entscheidung treffen zu müssen. Den Gegensatz dazu bildet der Opportunismus, der sich jeder Situation anpasst, die Standpunktlosigkeit, die stolz als innere Beweglichkeit verkündet wird, während sie in Wirklichkeit seelischer Kraftlosigkeit entspringt, der Unfähigkeit, sich zu entscheiden. Beide sind letztlich Persönlichkeitsschwächen, Ich-Schwächen – beides Parallelen zu den Abläufen auf der organischen Ebene.

Es ist offensichtlich, dass beide Sphären zusammengehören, die leibliche und die seelische durchdringen sich und sind letztlich zwei Seiten von ein und demselben, dem Menschsein. Eine ausschließlich medikamentöse Therapie dürfte kaum erfolgreich sein, wenn nicht eine seelische, Ich-stärkende hinzutritt.

Der Dank des Verfassers für kompetente Beratung gilt Frau Annette Bopp, Dr. Rolf Dorka, Frau Ruth Mandera, Dr. Hartmut Ramm, Dr. Dietrich Schlodder und Dr. Hans Werner.

Die wiederholte Entdeckung der Dreigliederung

Zu Beginn des 20. Jahrhunderts wird das Prinzip der Dreigliederung nahezu gleichzeitig und völlig unabhängig voneinander in grundverschiedenen Bereichen des Lebendigen entdeckt – in der *organischen* ebenso wie, erstaunlicherweise, in der *sozialen* Sphäre. Vielleicht lässt sich darin so etwas wie ein Hinweis auf eine umfassende Gültigkeit dieser Gesetzmäßigkeit erkennen – wir werden sehen …

Der Begriff der Dreigliederung gilt im darwinistischen Denken allerdings grundsätzlich als inakzeptabel; er verstößt gegen das Dogma des Zufalls, da er so etwas wie eine immanente Ordnung impliziert. Stattdessen wird der Begriff des «Kampfes ums Dasein» vertreten, in dessen Verlauf sich als Ergebnis zielblinder Evolutionsprozesse das Lebenstüchtigste durchsetzt.

In Wirklichkeit jedoch ist diese bis heute kaum hinterfragte Lehrmeinung reiner Anthropomorphismus, sie stellt nachweislich die Übertragung gesellschaftlicher Kämpfe während der beginnenden Industrialisierung *auf die belebte Natur* dar.[71]

Erst um die Wende zum 20. Jahrhundert gelangt der Begriff der Dreigliederung in den Bereich menschlichen Denkens und Forschens, und das nicht nur einmal, sondern erstaunlicherweise mindestens zweimal völlig unabhängig voneinander, spontan und vor allem ohne jeglichen Bezug zum herrschenden naturwissenschaftlichen Weltbild.

Die Entdeckung der Dreigliederung war anscheinend reif, sie war fällig.

Da ist zum einen die erstmalig von Rudolf Steiner entdeckte *anatomisch-physiologische Dreigliederung* des Menschen in den Sinnes-Nerven-Pol, den «rhythmischen» Bereich von Kreislauf und Atmung sowie den Stoffwechsel-Gliedmaßen-Pol – zwei um eine verbindend-ausgleichende Mitte gruppierte, in ihren Aktivitäten antagonistische und sich gerade dadurch ergänzende Zentren (aufbauend und unterbewusst das eine, zehrend und Bewusstheit ermöglichend das andere)[72].

Analoges spielt sich auf der *sozialen Ebene* ab: von der anfänglichen Führung durch höhere geistige Mächte und deren Abbild in der hierarchisch gegliederten irdischen Gesellschaftsstruktur kann die Entwicklung in die Selbstbestimmung und in die «von unten» aufgebaute, in lebendiger Entwicklung begriffene moderne und zukunftsoffene Gemeinschaft übergehen. Rudolf Steiner ist auch hier der Entdecker und wissenschaftliche Deuter dieses Überganges von der ursprünglichen göttlichen Trinität in die *Dreigliederung* einer geistgemäßen sozialen Ordnung und damit gewissermaßen deren «Erdung». Er charakterisiert die im gegenwärtigen Zusammenleben der Menschen gültigen fundamentalen Bereiche des *Geisteslebens*, des *Wirtschafts-* und des *Rechtslebens*, Sphären, in die jeder auf individuelle Weise eingebunden ist. Insgesamt ist es auch hier ganz offensichtlich wieder ein *Organismus* – ein *sozialer* –, dessen Organe sich gegenseitig bedingen.[73]

Entsprechend verhält es sich mit den überraschenden Parallelen, die sich annähernd gleichzeitig auf einem anderen relativ jungen, ideologisch damals noch unbelasteten naturwissenschaftlichen Feld zeigen. Gemeint ist die seinerzeit, zu Beginn des 20. Jahrhunderts noch junge, in voller Entfaltung stehende Wissenschaft vom Zusammenleben der Organismen, die *Ökologie*.

Ein erstaunlicher Tatbestand: Rudolf Steiner formuliert als Ergebnis gründlicher geistes- und naturwissenschaftlicher Studien die Idee der *physiologischen Dreigliederung des menschlichen Organismus* ebenso wie des *«Sozialen Organismus»*. Und gleichzeitig wird auf völlig andersartige Weise die Dreigliederung als überall vertretene grundlegende Ordnung unterschiedlichster *artenreicher biologischer Lebensgemeinschaften* gefunden, und zwar von Vertretern ideologisch unbelasteter ökologischer Feldforschung.

Diese Übereinstimmung besteht darin, dass in pflanzlichen Gesellschaften durch die *Produzenten* eigene organische Substanzen aufgebaut und (im Generationen- und Jahreszeitenwechsel) ständig erneuert werden: Stoffwechsel. Davon leben die *Konsumenten*, der Mensch und die Tiere, die ihrerseits einen erheblichen «ordnenden» (und gestaltenden) Einfluss auf die Zusammensetzung der Artenvielfalt haben. Die gesamten Abbauprodukte werden schließlich durch die *Destruenten* – Pilze und Mikroben – wieder an den Anfang des natürlichen Kreislaufes zurückgeführt. Am Beispiel der Gewässer beschreibt einer der namhaften Erforscher dieser Zusammenhänge, Alfred Thienemann (1956), den Kreislauf mit den folgenden Worten: *«Wenn also im See auch drei einzelne Lebensbezirke unterschieden werden müssen, Ufer, freies Wasser und Tiefe, so stehen diese doch nicht zusammenhanglos nebeneinander; der Kreislauf der Stoffe verbindet alle drei Glieder zu einem Ganzen, das über ihnen steht, dem See»*[74]: Die oberste, durchlichtete Sphäre ist diejenige des vegetativen Aufbaus, der organischen *Produktion;* die anschließende mittlere wird vor allem von den davon lebenden *Konsumenten* – also den tierischen Bewohnern, vom Fisch bis hin zu den einzelligen Amöben – besiedelt; in der lichtlosen, sauerstoffarmen Tiefenzone schließlich vollziehen sich Abbau und Freisetzung der Nährstoffe und deren Rückführung zu den Produzenten. Und wenig später, nach Einführung des Begriffes der *Biozönose*, der «Lebensgemeinschaft», formuliert der erwähnte Forscher: *«So ist Gemeinschaft die Lebensform der Natur.»* Man glaubt, sich verhört zu haben: wo bleibt da noch Darwins Kampf ums Dasein! Dieser erweist sich eben bei genauerem Hinsehen tatsächlich als unerlaubte Projektion aus einer gänzlich anderen Sphäre und hat in Lebensprozessen der Natur nichts zu suchen.

Eine bessere Widerlegung von Darwins *Kampf ums Dasein,* als es diese ideologisch völlig unbelasteten, auf exakten Forschungen beruhenden Feststellungen erfahrener Forscher sind, ist kaum denkbar.

Auch die verschiedenen Tierarten eines bestimmten Gebietes unterliegen dreigliedrigen Ordnungen, die entscheidend für das jeweilige ökologische Gleichgewicht sind und die Existenz übergreifender Gestaltungskräfte zeigen. So sind etwa die Beziehungen zwischen den verschiedenen Säugetierarten eines Biotops dreigliedrig strukturiert – den Wiederkäuern (beispielsweise Rehe, Hirsche) als Vertreter der Stoffwechsel-Gliedmaßen-Gruppierung und andererseits den Nagetieren und Hasen und anderen Repräsentanten des Sinnes-Nerven-Typs und endlich den Raubtieren vom Wiesel bis zum Wolf, die den «rhythmischen» Part vertreten.[75] Letztere als «Feinde» der beiden anderen Gruppen zu betrachten (wie leider immer noch allgemein üblich), zeigt den ganzen Widersinn des Vulgärdarwinismus – in Wirklichkeit spielen die Raubtiere als Vertreter der mittleren, der «rhythmischen» Gruppierung die entscheidende Rolle als Wahrer des Gleichgewichtes der anderen beiden Verwandtschaftskreise. Beispiele dafür gibt es in Fülle. So etwa in der seinerzeitigen Degeneration des Waldes durch Verschwinden des Jungwuchses im Yellowstone Nationalpark der USA: der Grund war, völlig unerwarteterweise, die Elimination der Wölfe, vor denen sich die Besucher ängstigten, durch die Parkverwaltung: alsbald vermehrten sich deren Beutetiere, die Hirsche, in einem Maße, dass infolge ihres verstärkten Abweidens des Jungwuchses kaum noch Bäume aufkommen konnten. Als man daraufhin erneut Wölfe einsetzte, erholte sich der Wald langsam wieder. – In Deutschland war nach Kriegsende durch die Besatzungsmächte der Besitz von Schusswaffen verboten; damit fielen die Jäger als «Raubtier-Ersatz» aus, worauf sich Rehe und Wildschweine in manchen

Gegenden so stark vermehrten, dass keine geregelte Land- und Forstwirtschaft mehr möglich war (bemerkenswert, dass damals die eigenständige Wiedereinwanderung von Wölfen aus Osteuropa begann – offensichtlich versuchte der dreigliedrige Säugetier-Organismus das entstandene Vakuum auszugleichen).

All diese Beispiele – die sich beliebig vermehren ließen – zeigen zur Genüge, dass die Dreigliederung das überzeugende wirklichkeitsgemäße Konzept für ein vertieftes Verständnis und einen darauf fußenden sinnvollen Umgang mit der belebten Natur darstellt.

Angesichts der erstaunlichen Übereinstimmung zwischen den völlig unabhängig voneinander gewonnenen Einsichten der frühen Ökologen und Begriffen aus der Anthroposophie stellt sich die Frage, ob wir es mit einer Sternstunde der neuzeitlichen Kulturentwicklung zu tun haben, gleichsam offen wie ein Fenster für das Erkennen grundlegender Evolutionsprozesse, die auf enge Zusammenhänge von Welt-(Natur-) und Menschheitsentwicklung hinweisen? Und schließlich: wie konnte es überhaupt zur Formulierung des zuvor völlig unbekannten Begriffes der *Dreigliederung* kommen?

In seiner tiefgreifenden Biographie, die vor allem der inneren Entwicklung Rudolf Steiners gewidmet ist, geht Christoph Lindenberg ausführlich auf die Entdeckung und darauf folgende Ausarbeitung der Dreigliederungs-Idee ein.[76] Er zitiert dabei Rudolf Steiner mit dem überraschenden Hinweis: «... *wahrgenommen konnte sie werden diese Dreigliederung* (des Menschen) *seit Jahrzehnten. Ich selber konnte sie erst zur Reife bringen im letzten Jahrzehnt während der kriegerischen Stürme*»[77]), d. h. während des Weltkrieges 1914–18.

In anderen Zusammenhängen spricht Rudolf Steiner davon, dass die Menschheit als Ganzes im 19. Jahrhundert unbewusst die Schwelle zur geistigen Welt überschritten habe: «*Die Menschen gliedern sich innerlich in einen dreigliedrigen Menschen in anderer Weise, als das vorher vorhanden war. Dieses Beobachten des Durchganges des Menschen durch eine geistige Schwelle, die belehrt einen, dass aus dem geistigen Untergrund des Daseins selbst heraus uns diktiert wird die Dreigliederung des sozialen Organismus.*»[78]

Offensichtlich entsteht damit eine vorher nicht vorhandene Offenheit für Gedanken, die der geistigen Wirklichkeit ebenso wie der Lebenspraxis angemessen sind. Diese wurden in der Folge auch in anderen Bereichen, in der Landwirtschaft, Medizin, Pädagogik wirksam. Verständlich wird damit auch die eigenständige Entdeckung der «ökologischen Dreigliederung» durch äußerlich der Anthroposophie fern stehende, aber im besten Sinne geistig unabhängige Forscher.

Möglich wurde das durch die dabei verwendete Methodik. Das in der Naturwissenschaft sonst übliche Verfahren ist die *konkrete Fragestellung* an das jeweilige Objekt, womit die Art der Antwort von vornherein festgelegt ist – ohne sich in irgendeiner Weise für dessen Eigenart, für *seine Wesenhaftigkeit* zu interessieren. Diese Vorgehensweise führt damit aus der Sache heraus nie zu neuen, vielleicht unerwarteten Ergebnissen, sondern immer nur zur Bestätigung oder Verneinung des von vornherein Erwarteten. Anders die ergebnisoffenen Vorgehensweisen des Goetheanismus, die ganz neue Einsichten zu vermitteln vermögen. *Ihre vollkommen freie Erwartungshaltung den Objekten gegenüber – durch die unvoreingenommene Wahrnehmung – ermöglicht es diesen, sich selber im Denken des Beobachters auszusprechen; sie ist damit die einzige Methode, die zu wirklich objektiven Erkenntnissen führt.*

Hier liegt der prinzipielle Gegensatz zwischen darwinistischem Verständnis und goetheanistischem Erfassen dreigliedriger organismischer Strukturen. Ersteres ist durch seinen Begriff der «Auslese» (der Selektion des Bestangepassten und Vernichtung des Schwächeren im «Kampf ums Dasein») grundsätzlich von negativem, «*antipathischen*» Charakter – und führt zum Erfassen (oder Konstruieren) von Zweiheiten, die sich fremd oder feindlich-ausschließend gegenüberstehen, etwa mit dem Ziel der Eliminierung des Schwächeren durch den Stärkeren (der «Beute» durch den «Fressfeind»). Kein Wunder, handelt es sich doch um die letztlich naiv vermenschlichende und gleichzeitig *voll bewusste Übertragung* der als geradezu naturgesetzlich empfundenen sozialen Kämpfe während der Formierung der englischen Industriegesellschaft zu Beginn des 19. Jahrhunderts auf die belebte Natur und anschließend wieder zurück.

Darwin übernahm, wie er offen bekennt, den Begriff des «Kampfes ums Dasein und *Überleben des Tüchtigen» aus den Thesen des seinerzeit populären Gesellschaftskritikers* Malthus. Diese allenthalben verbreitete antisoziale Grundhaltung führte weltweit zu Unterdrückung und Ausbeutung «primitiver» («wilder») Völker und Kulturen bis hin zu deren planmäßigen Ausrottung (z. B. der nordamerikanischen Indianer).

Seine letztmögliche Steigerung erlebte diese Haltung in der menschenverachtenden Vernichtung so genannter «minderwertiger Rassen» sowie «lebensunwerten Lebens». Spätes Aufwachen führte erst nach den darauf folgenden Menschheitskatastrophen zur (immer noch nicht) weltweit verbreiteten Anerkennung der Menschenwürde und -rechte, aber auch der elementaren Existenzrechte anderer Lebewesen (Natur- und Umweltschutz).

Die Grundstruktur der Dreigliederung ist jederzeit an der Wirklichkeit überprüfbar. In ihr wird die gegenseitige Verflechtung der Organe wie der Organismen erkennbar, ihre vielfältigen Interaktionen und Abhängigkeiten als Ausdruck eines übergeordnet dirigierenden biologischen oder eines demokratisch strukturierten sozialen Organismus. Auf diese und nur auf diese Weise lassen sich die dem Objekt oder Subjekt angemessenen Handhabungen und Umgangsformen dann auch erlernen.

Vielleicht ließe sich der Gegensatz von dualistischem und dreigliedrigem Erkenntnisbemühen in folgender Weise, der Deutlichkeit halber leicht überspitzt, charakterisieren:

1. *Dualismus*: Konfrontation, Rivalität, Widerspruch, Polarisierung, Kampf; Ziel: Sieg der einen Seite über die andere; deren Verneinung statt Dialog und damit keine Entwicklung.
2. *Dreigliederung*: Gespräch, Austausch, Begegnung in der Mitte, gegenseitiges Lernen und wechselseitige Förderung; Ziel: Synthese, Steigerung, Entwicklung.

Möglicherweise wird einmal im Rückblick aus einer späteren Zeit die Wende vom 19. zum 20. Jahrhundert als entscheidende Kreuzwegsituation erkannt werden, in der eine mögliche Rettung menschlicher sozialer wie natürlicher ökologischer Gemeinschaften erstmalig in die Entscheidungsfreiheit der Menschheit gelegt wurde. Das gleichzeitige, völlig ungeplante Auftreten nie vorher gedachter, aber real konkretisierbarer sozialer Ideen im Sinne der Dreigliederung spricht dafür. Damit würde sich auch die Frage des Gewahrwerdens der vorher unerkannten Dreigliederung in gänzlich verschiedenen Bereichen, in einem Zeitpunkt äußerster Bedrohung des Menschseins und des Lebens auf der Erde erklären.

Anmerkungen

1 F. Th. Vischer (1882), zitiert nach C. Lindenberg: Rudolf Steiner Band 1, S. 95.
2 Esoterische Betrachtungen karmischer Zusammenhänge. GA 137, 8. Vortrag 1. 8. 1924.
3 R. Steiner: Mein Lebensgang (1923–1925). GA 28. S. 100, 9. Auflage 2000.
4 Ebd., S. 101.
5 Ebd., S. 101.
6 Ebd., S. 101.
7 Ebd., S. 101.
8 R. Steiner: Die Sendung Michaels, 6. Vortrag 30. 11. 1919. GA 194.
9 Siehe Anm. 3, S. 99.
10 Das gilt auch für die von Wolfgang Schad ausgearbeitete Dreigliederung der Säugetiere (Säugetiere und Mensch, Zur Gestaltbiologie vom Gesichtspunkt der Dreigliederung, Stuttgart 1971; 2. Auflage Stuttgart 2012), die sich so darstellt, *dass bei den Tieren auf verschiedene Verwandtschaftsgruppen auseinandergelegt ist, was sich beim Mensch in einem Organismus vereint.* So stehen beispielsweise die Sinnes-Nerven-dominanten Nagetiere mit ihrem vergleichsweise schwachen Stoffwechsel den stoffwechselstarken, aber in vieler Hinsicht sinnesschwachen Wiederkäuern gegenüber. In den «mittleren» Gruppen – den Raubtieren – verbinden sich Eigenschaften der Sinnes-Nerven-Tiere mit denjenigen der Stoffwechsel-Gliedmaßen-Dominanten, und zwar wiederum so, *dass entweder das eine oder das andere vorherrscht.* Bei den Marderartigen etwa tendieren die (kleinen) Wiesel zur Sinnes-Nerven-Betonung, der (große, schwere) Dachs zum Stoffwechselpol. Gerade bei den Raubtieren zeigt sich die «mittlere», vermittelnde Position auch in ihrer ökologischen Bedeutung: sie sind die Regulatoren, die Garanten der «Umweltverträglichkeit» der Populationsgrößen ihrer Beutetiere in der afrikanischen Savanne ebenso wie (ursprünglich) in unseren heimischen Wäldern: die eher sinnesbetonten Füchse, Wildkatze und Wiesel sind «zuständig» für das Gleichgewicht unter den sinneswachen Nagetieren, die gliedmaßenbetonten Wölfe für die stoffwechseldominanten Wiederkäuer Elch, Hirsch und Reh usw.
11 R. Steiner: Vortrag 24.10.1915, GA 254.
12 J. W. v. Goethe: Geschichte meines botanischen Studiums. Zur Morphologie. Ersten Bandes erstes Heft, 181 (zitiert nach W. Troll: Goethes Morphologische Schriften. Jena 1926).
13 J. W. v. Goethe, Herzoglich-Sachsen-Weimarischen Geheimrats Versuch, die Metamorphose der Pflanzen zu erklären. Gotha 1790.

14 Siehe Anm. 13.

15 P. Lutzker: Der Sprachsinn. Stuttgart 1996.

16 R. Patzlaff: Die Rettung der Sinne – Aufgabe unserer Zeit, Teil I: Das unbewusste Ich im Wahrnehmungsvorgang. Erziehungskunst 1995, H.5: 485–500. – Vergleiche vom selben Autor: Der gefrorene Blick. Physiologische Wirkungen des Fernsehens und die Entwicklung des Kindes. 3. Auflage Stuttgart 2004. In dieser Schrift wird der Nachweis erbracht, wie bei der raschen Bilderfolge auf dem Fernsehschirm die Eigenaktivität des Zuschauers unterbleibt.

17 F. Barth: Biologie einer Begegnung. Stuttgart 1984.

18 R. Steiner: Allgemeine Menschenkunde als Grundlage der Pädagogik (1919). GA 293.

19 Zum Beispiel F. Kipp: Die Evolution des Menschen im Hinblick auf seine lange Jugendzeit. Stuttgart 1980.
A. Montagu: Zum Kind reifen. Stuttgart 1991 (Growing Young. New York 1981).
A. Portmann: Biologische Fragmente zu einer Lehre vom Menschen. Basel 1969.
H. Poppelbaum: Mensch und Tier. 8. Auflage Frankfurt 1981.

20 R. Steiner: Die psychologischen Grundlagen und die erkenntnistheoretische Stellung der Anthroposophie (1911). GA 35.

21 W. Schad: Das Nervensystem und die übersinnliche Organisation des Menschen, in W. Schad (Hg.): Die menschliche Nervenorganisation und die soziale Frage. Stuttgart 1992.

22 R. Steiner: Grundlinien einer Erkenntnistheorie der Goetheschen Weltanschauung. 1886. GA 2 (wiederholte Auflagen).

23 H.-Ch. Vahle: Gestaltbiologie von Pflanzengesellschaften in ökologischer und dynamischer Hinsicht. Nümbrecht 2003.

24 J. Bockemühl: Elemente und Äther, in J. Bockemühl (Hg.): Erscheinungsformen des Ätherischen. Stuttgart 1977.

25 «Sphärenvermengungen»: Man vergleiche den Aufsatz von Uwe Pörksen: Goethes Warnung vor der Sphärenvermengung in der fragmentarischen Fortsetzung der «Metamorphose der Pflanzen» und das Problem der Metaphorik in der heutigen Biologie, in G. Mann e. a. (Hg.): In der Mitte zwischen Natur und Subjekt. Johann Wolfgang von Goethes «Versuch, die Metamorphose der Pflanze zu erklären» 1970–1990 – Sachverhalte, Gedanken, Wirkungen. Frankfurt a. M. 1992. Ein Beispiel dafür ist die neuerlich wieder aufgebrochene Diskussion über den «Untergang» von Atlantis im Anschluss an Darstellungen Steiners, in denen sich dieser auf unterschiedliche und offensichtlich widersprüchliche Weise dazu äußert. Während er wiederholt von «Untergang» sprach (was schließlich auch im übertragenen Sinne verstanden werden kann – auch die keltische oder die inka-

ische Kultur sind «untergegangen», ohne deshalb im Meer untergesunken zu sein), charakterisierte er in 1910 gehaltenen Vorträgen (GA 121, 10. Vortrag 16. 6.) in einer Weise den ehemaligen Kontinent und eine ihn umgebende Meeresströmung, deren heutiger Überrest der Golfstrom sei, dass man eher den Eindruck eines *Auseinanderbrechens* hat, wobei die östlichen Teile das heutige Europa bis zum Ural wären. Diese Aussagen sind von Steiner vor dem Bekanntwerden der Theorien Alfred Wegeners gemacht worden und mit den heutigen Erkenntnissen über die Plattentektonik viel eher kompatibel als die unrealistische Vorstellung eines irgendwie gearteten Absinkens. – Kurz nach der Entdeckung des zweifelsfreien Driftens der Kontinente um die Mitte des letzten Jahrhunderts, *aber vor der sich anschließenden Erforschung ihrer Bedingung durch die Konvektionsströme im Erdmantel* deutete G. Wachsmuth in einer Neuauflage des 2. Bandes seines Werkes «Die Entwicklung der Erde» 1950 den mittelatlantischen Rücken mitsamt den Azoren als «Restbestand des zuletzt untergegangenen Atlantiskontinents». Dass er das Gegenteil davon ist, nämlich eine Aufwallung aus den Tiefen des Meeresbodens, entdeckte man erst kurz darauf. – Fast darf man dankbar sein für diesen Fauxpas, ist er doch eine eindringliche Warnung vor spekulativem Ausdeuten und «Interpretieren» der sinnenfälligen Welt durch miss- oder halbverstandene Aussagen der Geisteswissenschaft. Rudolf Steiner weist ausdrücklich auf die enorme Schwierigkeit hin, *übersinnliche* Wahrnehmungen in einer Sprache wiederzugeben, deren Begriffe für die *sinnliche* Welt geprägt sind und deshalb für übersinnliche Phänomene nur metaphorischen, bildhaften (Analogie-)Charakter haben können. Vgl. den Aufsatz des Verfassers: Lesen in den Bildeprozessen der Natur. Vom Umgang mit Rudolf Steiners Aussagen zur Erd- und Menschheitsgeschichte. Das Goetheanum 21/2004.

26 F. Rittelmeyer: Meine Lebensbegegnung mit Rudolf Steiner. 11. Auflage Stuttgart 1983.

27 Wenn in Beiträgen in anthroposophischen pädagogischen Zeitschriften «Karma-Übungen» an Kindern empfohlen werden, dann kann das nur aufs Schärfste zurückgewiesen werden. Zum einen, weil hier Spekulationen und willkürlichen Assoziationen Tür und Tor geöffnet werden und keinerlei Möglichkeit zur objektiven Überprüfung besteht; vor allem aber, weil es eine *rückwärtsorientierte* Blickrichtung darstellte, diametral entgegengesetzt zur pädagogischen Aufgabe, *auf die Zukunft gerichtete Anlagen* im Kind zu bestärken und ihnen zur Entfaltung zu verhelfen. Rudolf Steiner selber hat die von ihm berufenen Lehrer der ersten Waldorfschule niemals zu derlei «Übungen» angeregt, obwohl er selber sicherlich die Möglichkeit dazu gehabt hätte. In einem konkreten Fall regte er nach einem Klassenbesuch den betreffenden Lehrer (A. Strakosch) an, zu einem auffallend schwierigen Schüler einen anderen dazuzusetzen, «sie hätten etwas miteinander zu

tun» – was und in welcher Beziehung sagte er nicht – und er solle den Betreffenden suchen (was ihm dann anscheinend auch mit entsprechendem Erfolg gelang, laut seinerzeitigem mündlichen Bericht von Erich Gabert an den Verfasser).

28 F. G. Barth (1982): Biologie einer Begegnung. Die Partnerschaft der Insekten und Blumen. Stuttgart 1982.

29 J. Bauer (2008): Das kooperative Gen. Abschied vom Darwinismus. Hamburg 2008.

30 E. Marti (2005): Die vier Äther. Zu Rudolf Steiners Ätherlehre. 7. Auflage Stuttgart 2010.

31 R. Steiner (1921): Geisteswissenschaftliche Gesichtspunkte zur Therapie (2. Vortrag zu den Ätherarten). 4. Auflage Dornach 1984.
R. Steiner (1923): Der Mensch als Zusammenklang des schaffenden, bildenden und gestaltenden Weltenwortes. 5. Auflage Dornach 1978.
R. Steiner (1924): Meditative Betrachtungen und Anleitungen zur Vertiefung der Heilkunst. GA 316. Osterkurs, 1. Vortrag 21. 4. 1924.

32 J. Bockemühl (1977): Die Bildebewegungen der Pflanzen, in J. Bockemühl e. a.: Erscheinungsformen des Ätherischen. Stuttgart 1977.

33 A. Suchantke (2002): Die Metamorphose und das Jüngerwerden der Pflanze, in A. Suchantke: Metamorphose – Kunstgriff der Evolution. Stuttgart.

34 R. Steiner (1924): Geisteswissenschaftliche Grundlagen zum Gedeihen der Landwirtschaft (Landwirtschaftlicher Kurs); Fragenbeantwortung 12. 6. 1924. Dornach 1963.

35 Bockemühl 1967.

36 A. Suchantke (2002): Die Metamorphose und das Jüngerwerden der Pflanze, in A. Suchantke: Metamorphose – Kunstgriff der Evolution. Stuttgart.

37 R. Steiner (1923): Der Jahreskreislauf als Atmungsvorgang der Erde und die vier großen Festeszeiten. GA 223. 3. Vortrag, Dornach, 2. 4. 1923.

38 J. Bockemühl (1967): Äußerungen des Zeitleibes in den Bildebewegungen der Pflanze, in W. Schad (Hg.): Goetheanistische Naturwissenschaft Bd. 2: Botanik, Stuttgart 1982.
A. Suchantke (1998): Verjugendlichungstendenzen in der Evolution und ihre ökologische Bedeutung, in A. Suchantke (Hg.): Goetheanistische Naturwissenschaft Bd. 5: Ökologie, Stuttgart 1998.

39 C. Darwin (1859): The Origin of Species by Means of Natural Selection, or the Preservation of Favoured Races in the Struggle for Life (Erstauflage).
A. Suchantke (2009): Steiners Alternative zu Darwins Kampf ums Dasein. Erziehungskunst 9/2009: 923–927.

40 P. Kropotkin (1908): Gegenseitige Hilfe in der Tier- und Menschenwelt. Leipzig.

Derselbe (1923): Das Bedürfnis der Gegenwart nach Ausgestaltung der Grundlagen der Sittlichkeit, Nachdruck in G. Altner (1981): Der Darwinismus. Die Geschichte einer Theorie, Darmstadt.

41 G. Altner (1981): Der Darwinismus. Die Geschichte einer Theorie. Darmstadt.

42 J. Bauer: Das kooperative Gen. Hamburg 2008.

43 E. Marti (1974): Die vier Äther. Zu Rudolf Steiners Ätherlehre, 6. Neuauflage Stuttgart 2005.

44 Siehe Anm. 43.

45 P. Riessler: Altjüdisches Schrifttum außerhalb der Bibel. 4. Auflage Freiburg und Heidelberg 1984.

46 A. Suchantke (Hg.): Mitte der Erde, 2. Auflage Stuttgart 1969.

47 R. Polhill, D. Wiens (1998): Mistletoes of Africa. The Royal Botanic Gardens Kew.

Vgl. auch das Kapitel «Nektarvögel und Mistelblüten» in A. Suchantke: Sonnensavannen und Nebelwälder. Pflanzen, Tiere und Menschen in Ostafrika, 2. Auflage Stuttgart 1992. – Auf eine in höchstem Maße untypische, isoliert stehende Loranthacee sei hier nicht näher eingegangen, da sie noch die stammesgeschichtlich urtümlichen Eigenschaften der Santalales – das Parasitieren nicht auf Holzgewächsen *oberhalb*, sondern auf *Graswurzeln in der Erde* behalten hat und selber Baumwuchs erreicht: *Nuytsia floribunda*, der australische «Christmas Tree». Vgl. dazu T. Göbel: Nuytsia floribunda und Viscum album. Stuttgart 2004.

48 Barlow & D. Wiens (1977): Host-parasite resemblance in Australian mistletoes: the case for cryptic mimicry. Evolution 31 (1977): 69–84.

– Konkreter noch bei B. A. Barlow (1981): The lorathaceous mistletoes in Australia. In A. Keast (Ed.): Ecological Biogeography of Australia Vol.1, pp. 555–574. The Hague, Boston, London: «The primary resemblance between host and parasite is in the shape, size and presentation of leaves. Host-mistletoe combinations with linear, often compressed or terete leaves are best developed on *Casuarina*, but also occur on *Acacia, Eremophila, Grevillea* and *Hakea*. A remarkable example is *Amyema cambagei*, which parasitizes *Casurina sp.*, and unless the mistletoe is in flower or fruit it is very difficult to detect on the host [...] Host-mistletoe combinations with flat, linear to lanceolate, often falcate leaves are common in *Eucalyptus* and the phyllodinous acacias [...] Perhaps the most extraordinary example of mistletoe leaf crypsis of all, however, is *Dendrophtoe homoplastica* on *Eucalyptus shirleyi*, which is one of the species of *Eucalyptus* in which the leaves are neotenic, retaining at maturity the rounded-oval, amplexicaul, opposite form typical of the juvenile state. The overal growth habit and leaf caracters of the mistletoe mimic the neotenic leaves of the host very closely (Barlow 1981). – Die wohl erstmalige, eher beiläufige Erwähnung im deutschsprachigen

Schrifttum bei T. Göbel: Feuer-Erde. Von Australiens Vögeln, Blumenheiden und Feuerwäldern. Stuttgart 1976.

49 L. Abrams (1995): Illustrated Flora of the Pacific States, Vol. I. Stanford.

50 R. Mandera (2005): Die Mistel als Heilpflanze der Tumorkrankheit in der Anthroposophischen Medizin. Iscucin Kompendium 1. Auflage, WALA, Bad Boll/Echwälden.

51 A. Richter, M. Popp (1992): The physiological importance of accumulation of cyclitols in *Viscum album*. New Phytologist 121: 431–438.

52 Roemer, zitiert nach R. Mandera (2005): Die Mistel als Heilpflanze der Tumorkrankheit in der Anthroposophischen Medizin. Iscucin Kompendium 1. Auflage, WALA, Bad Boll/Echwälden.

53 A. Richter, M. Popp (1992): The physiological importance of accumulation of cyclitols in *Viscum album*. New Phytologist 121: 431–438.

54 T. Göbel, R. Dorka (1986): Zur Raumesgestalt und zur Zeitgestalt der Weißbeerigen Mistel (*Viscum album L.*). Tycho de Brahe Jahrbuch für Goetheanismus 1986:167–194.

55 R. Dorka (2006): Die endogenen Wachstumsbewegungen der Weißbeerigen Mistel (*Viscum album L.*), ihre Gestaltentwicklung und Meristemdifferenzierung zu vegetativen und generativen Primordien. Wiss. Schriftenreihe d. Inst. f. Evolutionsbiologie und Morphologie Univ. Witten-Herdecke.

56 Inhaltlich nahezu identische Formulierungen finden sich in dem inzwischen leider vergriffenen Werk von Gerbert Grohmann, das die Autoren natürlich kannten und im Literaturverzeichnis erwähnen: Die Pflanze, Bd. 2 (1951), S. 208/209: «Die gewöhnliche Pflanze ist zwischen Licht und Schwere eingespannt. Aus dieser Stellung zwischen Erde und Kosmos erklärt sich […] die Metamorphose des Sprosses und der Blüte. Die Pflanze steigt aus den Elementen der Erdnähe gleichsam zu immer höheren Sphären auf. Bei der Mistel von Blattmetamorphose zu sprechen, wäre völlig gegenstandslos, denn die gepaarten, einfachen, zungenförmigen und leicht gedrehten Blätter sehen alle gleich aus. […] Nachdem der Same auf der Baumrinde gekeimt ist, entwickelt sich die Mistel langsam zu einem fächerförmigen, also zweidimensionalen Spross. Erst später wird sie dreidimensional, und das Ergebnis vieljährigen Wachstums ist der […] Kugelbusch. Wo er ideal ausgebildet ist, kann kein Oben und kein Unten mehr unterschieden werden, wie überhaupt die Schwererichtung für die Mistel keine Bedeutung hat. Der Mistelbusch schwebt, in sich selbst abgeschlossen, eine Welt für sich, zwar im Erdenraum darinnen, aber doch gleichsam aus demselben ausgesondert. An den Blättern ist kein Unterschied zwischen Oberseite und Unterseite festzustellen, und die Begriffe von Geotropismus und Heliotropismus sind auf die Mistel nicht anwendbar.»

57 Siehe Anm. 55.

58 Siehe Anm. 56.
59 R. Steiner (1920): Geisteswissenschaft und Medizin. GA 312. 13. Vortrag 2.4.1920, Dornach 1976.
60 G. S. Kienle, H. Kiene (2003): Die Mistel in der Onkologie. Stuttgart, New York.
61 R. Steiner (1904–1908): Aus der Akasha-Chronik. GA 11. Kapitel: Austritt des Mondes. 3. Auflage 1964.
62 R. Steiner (1905): Grundelemente der Esoterik. GA 93A. 24. Vortrag 26.10.1905.
63 A. Portmann (1976): Einführung in die vergleichende Morphologie der Wirbeltiere. 5. Auflage Basel.
64 R. Steiner (1907): Die Theosophie des Rosenkreuzers. GA 99. 10. Vortrag Dornach 1955.
65 R. Steiner (1919): Erziehungskunst – Seminarbesprechungen und Lehrplanvorträge: 10. Seminarbesprechung. GA 295. Dornach 1969.
66 R. Steiner (1921): Das Verhältnis der verschiedenen naturwissenschaftlichen Gebiete zur Astronomie. GA 323. 8. Vortrag 8.1.1921, Dornach 1997.
67 R. Steiner (1923): Erdenwissen und Himmelserkenntnis. GA 221. Vortrag 11.2.1923: «Der unsichtbare Mensch in uns. Das der Therapie zugrunde liegende Pathologische». Dornach.
68 Ein Beleg dafür, wie sich exakte goetheanistische Forschung mit Ergebnissen der anthroposophischen Geisteswissenschaft trifft und sich beide gegenseitig ergänzen und beleuchten, ist die Erkenntnis des *«Baum-Ätherischen»* als des entscheidenden Trägers der Heilkräfte und die Rolle der Mistel als dessen Überbringer. Man vergleiche damit die identischen Formulierungen R. Steiners (auf die der Verfasser erst nachträglich durch Dr. Hans Werner aufmerksam gemacht wurde) in: Anthroposophische Menschenerkenntnis und Medizin. GA 319. 11. Vortrag 24.8.1924.
69 R. Steiner (1923): Erdenwissen und Himmelserkenntnis. GA 221. Vortrag 11.2.1923: «Der unsichtbare Mensch in uns. Das der Therapie zugrunde liegende Pathologische». Dornach.
70 K. Urech (2001/2): Giftprozesse der Mistel – eine Polarität. Mistilteinn – Beiträge zur Mistelforschung: 44–56.
71 A. Suchantke (2009): Der Januskopf des Darwinismus in Das Goetheanum 5/09:11–12.

In seiner ausführlichen Darwin-Biographie im Rahmen der ro-ro-Monographien (14. Auflage 2004) vertritt Hemleben die irrtümliche Auffassung, Darwin hätte seine Theorie des «Überlebens des Tüchtigsten im Kampf ums Dasein» von dem zeitgenössischen Philosophen Spencer übernommen. Darwin selber betont jedoch wiederholt, dass seine eigene Theorie Ergebnis der Lektüre des damals allenthalben diskutierten gesellschaftskritischen Werkes von Thomas Malthus «Essay on the Principles of Population» sei: «This is the doctrine of Malthus (die den gesamten Darwinismus bereits in nuce enthält), applied to the whole animal and plant kingdoms.» – Noch deutlicher wird er an anderer Stelle: «1838 las ich zur Entspannung das Buch von Thomas Robert Malthus ..., und gut darauf vorbereitet, den «Kampf ums Dasein» zu akzeptieren, überzeugte es mich, dass unter diesen Umständen begünstigte Arten erhalten blieben und weniger günstige ausgerottet würden ... Damit hatte ich eine Theorie, mit der ich arbeiten konnte» (Übersetzung aus: Ch. Darwin: Life and Letters of Darwin. London 1887).

72 R. Steiner (1919): Allgemeine Menschenkunde als Grundlage der Pädagogik. GA 293.

73 R. Steiner (1919): Die Kernpunkte der Sozialen Frage. GA 23.

74 A. F. Thienemann (1956): Leben und Umwelt. Vom Gesamthaushalt der Natur (rowohlts deutsche enzyklopädie, www.zvab.de).

75 W. Schad (1971): Säugetiere und Mensch. Stuttgart (Neuauflage in Vorbereitung) – ERSCHIENEN.
A. Suchantke (2009): Dreigliederung, Synorganisation und Co-Evolution, in Die Drei 1/2009: 23–31.

76 Chr. Lindenberg (1997): Rudolf Steiner. Eine Biographie Band II: 1915–1925. Stuttgart 1997.

77 R. Steiner (1923/1924): Die Weihnachtstagung zur Begründung der Allgemeinen Anthroposophischen Gesellschaft 1923/24. GA 260.

78 R. Steiner (1919): Geisteswissenschaftliche Behandlung sozialer und pädagogischer Fragen. GA 192.

Weiterführende Literatur

Zur Bestäubungsbiologie:

F. G. Barth (1982): Biologie einer Begegnung. Die Partnerschaft der Insekten und Blumen. Stuttgart 1982.
K. A. Grant & V. Grant (1968): Hummingbirds and Their Flowers. New York & London.
M. M. Kidd (1983): Cape Peninsula. South African Wildflower Guide 3. Cape Town.
C. J. Skead (1967): The Sunbirds of Southern Africa. Cape Town & Amsterdam.
A. Suchantke (1998): Ökologie (Kap.: Der ökologische Organismus). Stuttgart.

Weiterführende Literatur über detaillierte Untersuchungen zur Blütenbestäubung bei F. G. Barth 1982.

Zur Pflanzenwelt der Goetheanum-Region:

Th. Brodtbeck e. a.: Flora von Basel und Umgebung Teil I u. II. Basel 1997, 1999.
Ch. Huovinen-Hufschmid u. M. Schläpfer: Die Pflanzenwelt der Region Basel. 19 Exkusionen. Basel 1998.
M. Moor: Einführung in die Vegetationskunde der Umgebung Basels in 30 Exkursionen. Basel 1962.

Einen guten Überblick über die Wanderungsbewegungen im Bereich der mitteleuropäischen Pflanzenwelt liefert das reich illustrierte, antiquarisch immer noch erhältliche Buch von Erwin Litzelmann: Pflanzenwanderungen im Klimawechsel der Nacheiszeit. Oehringen 1938.